走向平衡系列丛书

回归民本

民本视域下的 UAD 杭州亚运场馆建筑设计实践

沈晓鸣　董丹申　著

中国建筑工业出版社

图书在版编目（CIP）数据

回归民本：民本视域下的UAD杭州亚运场馆建筑设计
实践 / 沈晓鸣，董丹申著. -- 北京：中国建筑工业出
版社，2024. 9. --（走向平衡系列丛书）. -- ISBN
978-7-112-30204-8

Ⅰ. TU245；G818

中国国家版本馆CIP数据核字第2024G4A280号

第19届杭州亚运会取得了圆满的成功，浙江大学建筑设计研究院有限公司（UAD）共参与了本届亚运会16个新建、改建和原建项目的设计。UAD基于平衡建筑的设计原则，以"回归民本、持续生态、在地共生、多元包容"为设计理念，注重每个项目的地域环境特色和历史文化元素，把"中国特色、浙江风采、杭州韵味"充分体现在每一个项目的设计之中。在新的时代背景之下，赛后如何让体育运动回归城市，回归社区，回归民众，这更是UAD所有亚运建筑设计的一个原始出发点。本书适用于体育建筑策划、设计、建设、施工、管理、运维等相关从业者，以及对亚运建筑、体育建筑感兴趣的读者。

责任编辑：唐旭
文字编辑：孙硕
责任校对：赵力

走向平衡系列丛书

回归民本　民本视域下的UAD杭州亚运场馆建筑设计实践

沈晓鸣　董丹申　著

＊

中国建筑工业出版社出版、发行（北京海淀三里河路9号）
各地新华书店、建筑书店经销
北京雅昌艺术印刷有限公司印刷

＊

开本：850毫米×1168毫米　1/16　印张：9¾　字数：288千字
2024年8月第一版　2024年8月第一次印刷

定价：**138.00** 元
ISBN 978-7-112-30204-8
（43547）

回归民本，和合共生

"民本"是立场，呈现对传统"民本思想"的扬弃与升华；

"在地"是对情境的理解，关注体育建筑所在"地域、地方、地点" 中的丰富时空要素；

"共生"是目标，也是路径，通过设计创新达成体育建筑所关联的各人群和各要素的互惠互利、和合共存的状态。

探　索

民本为先　开放包容

富春意韵　在地表达

校园精神　江南水幔

对话城市　融合山水

因地制宜　建构之美

回归校园　综合运用

赋能升级　持续发展

实践一种"和合共生"的体育设计新理想！

序

沈晓鸣

沈晓鸣

浙江大学建筑设计研究院二院院长

体育建筑事业部总监

浙江大学硕士研究生导师

国家一级注册建筑师

高级工程师

董丹申

董丹申

浙江大学平衡建筑研究中心主任、博士生导师

浙江大学建筑设计研究院首席总建筑师

国务院政府特殊津贴专家

浙江省首届工程勘察设计大师

当代中国百名建筑师

第 19 届杭州亚运会是一次盛大的国际赛事，不仅是亚洲最高级别的体育竞技活动，也是我们国家综合实力和城市发展面貌的最佳展示机会，更带来一次对我们体育建筑设计和建设成果的大规模集中检验。但是，我们建筑师和建设者的专业目光，不能仅仅停留于体育赛事开展的集中时间段。体育建筑的生命力应更为长远和坚韧，它的社会意义也远不止承办大型赛事这么短暂。实际上，盛会告一段落，竞技暂时休止的时候，才是体育建筑更持久和包容，更现实和系统的生命进程。体育建筑在日常的大部分时间中，还是要充分归还城市，拥抱社区，回到人民的身边，以一种"润物细无声"的姿态去满足人民的基本使用需求，容纳他们生活中的各种体育活动，参与城市社区的运营管理（比如水灾、疫情等应急情况下的安置点），塑造具有地方特色的体育精神和文化，比如现在比较网红的贵州村超（乡村足球超级联赛的简称）、村 BA（指贵州省"美丽乡村"篮球联赛）等地方特色运动。

所以说，建筑师对于体育建筑设计创新的理解，则要具备更宽广的视野和更综合的知识。但我们的专业思维，往往片面地聚焦设计创新的个别目标，如功能类型、结构形式、指标要求等，而忽视体育建筑丰厚的社会性角色、微妙的情境关联，以及其牵涉的各要素之间复杂的共生关系。尤其是设计中对民众关于体育场所的需求类型、使用习惯、体验感受等因素的回应，常常显得十分微弱。或者说，对于体育建筑究竟如何真正靠近人民生活，如何更好地引导全民健身并

塑造体育文化氛围，我们往往缺乏深刻的研究和思考。

因此，针对以上问题，我们提出"民本视域下体育建筑设计创新的在地共生"之设计理念。"民本"是立场，呈现对传统"民本思想"的扬弃与升华，在于坚持体育建筑"为人民而设计"的目标，强调设计全过程的人民主体性。通过对体育建筑及其关联环境的创新性营造，为人民群众带来幸福美好的、可触可及的体育文化生活。"在地"是对情境的理解，关注体育建筑所在"地域、地方、地点" 中的丰富时空要素，并不断发现适宜、追求贴切、互动适应。比如，对于浙江而言，体育建筑设计创新还须助力"共同富裕示范区"的实现。"富裕"不仅是物质富裕，也是身体健康、精神富裕和人的全面发展。体育建筑作为一种公共设施，它的设计也须使得城乡人民都能够均等化、公平地享受其带来的体育公共服务。"共生"是目标，期望通过设计创新达成体育建筑所关联的各人群和各要素的互惠互利、合合共存的状态。"共生"也是路径。对于设计主体而言，则是在价值导向方面通过职业情感和设计学理的统一，重构体育建筑以民本为目标的工程理性，与民共情，知民所需；在营建逻辑方面通过法度遵循和形式创造的匹配，以指导新的设计；在设计美学方面，通过工程技术和建筑艺术的融合，构建由协同技术支撑的，且具有体育建筑特色的艺术审美，以贡献在地文化传承。而对于面向客体的设计实践而言，则须聚焦体育建筑所关联的社会、文化、传统、城市、环境的多重背景，以及它们的共生关系。比如，在体育建筑的设计创新中，着

力于构建日常性场所，以提升"人本为先"的社会贡献；表达多样性形式，以丰富"多元包容"的文化象征；在设计中保持辩证性逻辑，以建立"动态变化"的新旧连续，并运用系统性方法，以优化"整体连贯"的城市环境营造；同时，选取适宜性技术，完善"持续生态"的环境融合。

回顾 UAD 的体育建筑实践，尤其是为杭州亚运会所做的体育建筑设计创新，可以说较好地印证了"民本、在地、共生"的设计哲学。UAD 前后承担了 16 项和此次亚运会有关的体育建筑设计，具有代表性的有早前的金华体育中心、临安体育中心，还有新近的绍兴棒垒球馆、富阳银湖体育中心、浙师大萧山校区手球馆、浙大紫金港校区体育馆副馆，等等。金华体育中心对城市肌理的延续和日常公共场所的营造是建立在人民需求、城市管理、文化建构、设计职责、业主运营等多层面"在地共生"之基础上的；临安体育中心积极呼应了城市山地面貌，带动了城市片区运营的价值增益，不仅以公共号召力激活新区商业活动，而且其整合式布局更提高了用地效率，引领良性的开发进程；绍兴棒垒球馆则以更开放的姿态与城市建立全方位联系与依托，以期在亚运会后实现与人民充分共享，成为社区的活力中心；富阳银湖体育中心则以适宜性技术支撑与环境共生的建筑形式，将具有杭州韵味的亚运文化传递给运动员和当地人民，并培育社区的体育精神；浙师大手球馆关注赛后学生和社区民众的日常使用需求，注重近人尺度上空间、形式和材料给人的体验，以半透明姿态模糊边界，加强人与建筑的互动；而紫金港校区体育馆副馆则是由原有室外游泳池更新而来，从"动态变化"视角把握新与旧的关系，使得新建筑与传统要素展开对话，从而达成新的共生。这种永续利用展现的是体育建筑与大学、社区、学生、人民的同生共进。

实际上，不难发现，在体育建筑设计创新中推行"民本、在地、共生"的理念，同"中国式现代化"的总体战略是保持一致的。因为"中国式现代化"是"以人民为中心"的现代化，它指向了"民本"；是"中国特色"的现代化，它体现了"在地"；是"人与自然和谐共生""全体人民共同富裕""人类命运共同体"的现代化，它更强调了"共生"。

以上是我们 UAD 团队在体育建筑设计中的理念和一些实践。我们将会一直坚持"民本、在地、共生"的设计哲学，关注体育建筑以及各类公共建筑长久的社会意义，持续推动建筑设计创新的高质量发展。

甲辰年春于浙江大学西溪校区

目　录

第 一 章

UAD 杭州亚运建筑设计理念

作为亚运场馆的"突出贡献集体"，浙江大学建筑设计研究院（UAD）坚持"民本为先、持续生态、在地共生"，秉持"绿色、智能、节俭、文明"理念，参与了 16 个亚运场馆的新建、临建、提升改造或原始设计。杭州立足于办一届"大国风范、江南特色、杭州韵味"的体育文化盛会，因此，UAD 杭州亚运会比赛场馆设计把体现杭州城市文化特色作为重要的原则，注重提取杭州典型的"江南水乡"风韵内涵，体现杭州城市韵味，既符合建筑在地的文化气息，也充分体现出我们的文化自信。

·民本为先 回归城市

"民为邦本"是中国传统民本思想的集中体现，《尚书·五子之歌》曰"民惟邦本，本固邦宁"，意思是，人民是国家的根本，根本牢固了，国家才能够安宁。《尚书》中的这种以民为本的执政理念贯穿于整个中国历史。民是社会的基石，以民为本，社会的基石就稳固，社会的发展才有了保证。坚持人民至上，忠实为人民服务是新时代新征程继承和弘扬中华优秀民本思想，依靠全体人民实现中华民族伟大复兴、构建人类命运共同体的基本观念和基本方法。而推动社会经济发展，归根结底也是为了不断满足人民对美好生活的需要。"中国式现代化"战略则是以人民为中心的现代化，是人与自然和谐共生，实现全体人民共同富裕，推动构建人类命运共同体的现代化。

在如今全球大变革的时代，中国的建筑总体环境正处于错综复杂的多元现实矛盾之中。城市化与乡村振兴，存量集约改造和增量结构调整，高速发展与双碳战略，现实营造与虚拟技术等都是摆在中国建筑师面前需要思考和权衡的问题，而这些问题的核心都是围绕着"人本为先"这一基本的要求来评判和解决。

平衡建筑的特质包含"人本为先、动态变化、多元包容、整体连贯、持续生态"五大实践原则和"特定为人、矛盾共生、渴望原创、多项比选、技术协同、低碳环保、膜拜细节、融于环境、终身运维、获得感动"十项要旨。这其中"人本"和"为人"都是放在第一位的，人性关怀是平衡建筑理论的基本出发点。

UAD 平衡建筑理论把"人"或者说"人性化"始终放在首位，所谓"讲理中的人性化，就是要以人的复杂性和独特的视角来构筑对建筑相关使用者的关心和爱护。面对形形色色的人，建筑师要平衡好围绕特定建筑的不同人之间的需求"。建筑设计中的接纳与传承、改革与创新、人情与人性、欲念与天理，无不以"人"为宗旨。平衡建筑理论遵循"万法皆轻，其重在人"，这正是一种信念，具有普世价值和现实意义[1]。

中国体育建筑在新中国成立后历经 70 多年的发展，体育建筑的理念进入了第五代体育建筑——体育综合体的时代[2]。我国的体育运动国家战略从 2008 年北京奥运会的《奥运争光计划》到如今国务院印发的《全民健身计划（2021-2025年）》，进行了明显的战略转移。体育场馆的质量与数量能够体现一座城市的生活品质，体育场馆不仅是用来竞赛，更多的是给市民的生活提供更多的可能。让体育回归城市，回归社区，回归民众，真正以民为本，提高全民健康素质成为体育运动的核心。体育场馆不仅是体育比赛的竞技场，更是体现城市和人民活力的运动场；体育场馆要成为全民健身的

1　董丹申. 走向平衡 [M]. 杭州：浙江大学出版社，2019：005.
2　刘志军. 当代中国体育建筑的建设历程与发展趋势 [M]. 北京：中国建筑工业出版社，2021:212-213.

阵地，也要成为繁荣赛事和演出的重要支撑。

亚运体育建筑在亚运会赛后大部分的日常时间中，还是要充分回归城市、拥抱社区，回到人民的身边，去满足人民的基本使用需求，容纳他们生活中的各种体育活动。亚运体育建筑的设计不仅要考虑亚运会赛时需求，更重要的是考虑赛后日常运营的需要和人民日常体育生活的需要。绍兴棒垒球体育文化中心一面怀抱着由棒球场、集训中心、体能训练馆组成的体育文化综合体，一面覆盖着繁华热闹的商业街，全方位融入城市生活，在完成亚运会使命后，也将继续向市民开放共享，充分发挥体育建筑在城市中的公共服务作用。德清地理信息小镇篮球运动中心设计以一种更有趣、更绿色的"立体公园"的方式来回归城市，通过空间的共享、界面的互动，将建筑与城市空间相融合，"还湖于民"，成为市民运动健身的场所，也是诸多日常生活体验和交流发声的平台。UAD亚运体育建筑设计实践，紧扣"民本为先、回归城市"这一主题，充分考虑赛后人民的需要、城市的需要，让体育建筑真正能够回归城市、回归民众。

· 持续生态 绿色智能

可持续发展是科学发展观的基本要求之一，是关于自然、科学技术、经济、社会协调发展的理论和战略。其最早出现于1980年国际资源和自然保护联合会编纂的《世界自然资源保护大纲》："必须研究自然的、社会的、生态的、经济的以及利用自然资源过程中的基本关系，以确保全球的可持续发展"。可持续发展是我国经济和社会发展的长远规划，是我国现代化建设中必须实施的战略和全面建设小康社会的目标之一。

"持续生态"是平衡建筑理论五大实践原则之一，平衡建筑的可持续发展观强调"动态更迭"。一座建筑，从过去、现在到未来，必然是一种逐渐推演、不断更新的状态。随着经济条件、社会发展和文化背景的变化，建筑在其全生命周期中不断生长，不断提升其价值与活力。每次改造不是推倒重来，而是一次换血，一次迭代重生，是在最小的代价下适应最新的需求。体育建筑的动态更迭还体现在其空间的多功能性和可转化性，以达到平赛结合、赛时赛后并重的可持续发展理念。

本届杭州亚运会以"杭州为主，全省共享"为原则，赛场分布在杭州、宁波、温州、湖州、绍兴、金华各地。"办好一个会，提升一座城"，借亚运东风，各主办和协办城市的基础设施和环境面貌都有明显改善，亚运会既是体育盛会，也肩负着改善民生、化解社会民生难点痛点的重要使命。

杭州亚运会从制度建设、标准编制、碳排放核算、技术研发、模式创新、遗产利用等方面入手，全面开展碳中和工作。经过权威机构认证，杭州亚运会成为首届实现碳中和的亚运会。

办好亚运会是比赛上半场，利用好亚运会红利构建美好生活是比赛下半场。杭州亚运会的场馆在建设之初，就充分考虑了赛后利用问题。杭州亚运会正式开幕的前一年，部分亚运场馆就已面向市民开放，开创了国内综合性体育赛事场馆赛前向全民健身和群众体育开放的先例。杭州亚（残）运会56个竞赛场馆中，19个全民健身场馆将面向市民群众开放；21个市场化运营场馆将以低于当地市场价格的收费标准开放，通过搭建平台组织开展体育赛事、培训、会展等活动；8个专业场馆将引进相关专业队伍作为训练基地；8个高校场馆主要面向校内教育教学开放。

以筹办亚运会为契机，构建更高水平的全民健身公共服务体系在浙江多地开花结果。大型运动场馆在拔地而起的同时，小型运动场地不断涌现，全民健身资源布局进一步优化。城市闲置空间变成群众日常参与锻炼的"金角银边"，体育让生活更美好辐射效应持续释放。

UAD 共参与了本届亚运会体育场馆项目 16 个，其中新建项目仅 4 个，大量的项目仍然是利用现有体育场馆进行改造提升。这既是节俭办亚运的需要，也是充分利用城市存量建筑资源集约改造，从而实现可持续发展的良好举措。

UAD 设计团队充分将绿色智能理念融入杭州亚运会比赛场馆设计，绿色先行，创新绿色设计理念。富阳银湖体育中心重视对天然采光、自然通风策略的运用，通过计算机辅助手段为比赛场馆赛后的可持续运营提供保障。在游泳馆等大空间的比赛场馆，采用了 52 个导光管组织天然采光，为非比赛时间以及赛后日常低成本运营创造条件。亚运棒垒球体育文化中心屋面采用了纳米二氧化钛光催化保护涂层，在雨水、阳光等自然因素的作用下，无需人工擦洗就能去除表面灰尘，有效保护了建筑。罩棚的表面曲率经由雨水与日照模拟计算，由建筑、结构、给水排水、幕墙等多专业协同合作，最终决定了中部高、周圈低的形式原型，达到最佳的排水和遮阳效果，充分贯彻了绿色设计理念，打造节能场馆。

在亚运场馆设计中贯彻"智能"理念，配备安防、信息化、智慧管理等各类智能化系统，并为后续运营预留空间，保证场馆运行管理的现代化和智能化。杭州电子科技大学体育馆在设计中引入了先进的智能化设备和管理系统，以提升场馆的运营效率和管理水平。这些措施不仅为亚运会期间的比赛提供了良好的场地条件，同时也为赛后场馆的可持续运营打下了坚实基础。设计团队在项目中充分考虑了场馆的赛时和赛后使用需求，通过提升场馆的多功能性和智能化水平，为杭州电子科技大学体育馆及副馆的长期发展和全时段运营提供了可行的解决方案。绍兴市奥体中心体育会展馆场馆智能化改造结合合业主方日常运营的需求，以打造"智慧场馆"为目标，主要体现在三个方面：基础设施、安防系统和综合管理平台，包括为无人机技术、无人驾驶、5G 万物互联等应用提供基础保障；通过人脸识别、AR 全景监控等设备，实现智能行为分析、特征分析、客流分析、人流监测预警等；通过智慧系统对温度、湿度、风速、空气质量等微环境进行自动调节，提高场馆的环境舒适度，从而影响运动员的比赛水平。通过对比赛氛围的营造，影响观众的观赛感受和媒体的影像质量。

·在地共生 对话城市

UAD 平衡建筑理论强调传承历史，承载生活，回应自然。时间的流淌，让生活书写历史。一方山水一方文脉，让生活回归自然。

在地——"发现土地中融入的痕迹，阐明这些痕迹之间的关系，从中创造新的秩序——这些能让土地开口讲述故事，给土地赋予生命力，这时候场所性才能得以恢复"[1]，这里所谓的痕迹，有植被土壤、光线气候、水文地质的自然因素，也有历史文化、民俗生活的人文因素，而每一座建筑所在的每一块土地，都是独一无二的存在，"根植本土，有源创新，正是设计孜孜以求的创作态度"[2]。

1　承孝相.贫者之美 [M].北京：中信出版集团，2015：19.
2　董丹申，李宁.知行合一——平衡建筑的实践 [M].北京：中国建筑工业出版社，2022：30.

共生——原本是生物学意义上指两种不同生物之间所形成的紧密互利关系，而广义的共生在建筑学意义上对应的是包容性，寻求多元、共享、协同的平衡关系[1]。共生是对动态平衡概念的发展，力图使建筑设计营造全程中各要素实现各在其位、各尽其用、互相关联、互惠互利、和合共存的状态。

根植于场所的设计，以在地和共生的理念，将存在和表象重新合为一体，从而达到平衡的建筑。

本届杭州亚运会的一大特色就是在"绿色、智能、节俭、文明"的办赛理念下向世界讲述"醉美江南，最忆杭州"的故事。

浙江是汉文明的重要组成部分——吴越文化的发祥地之一，历史悠久，人文荟萃，自然风光与人文景观交相辉映，以杭州西湖为中心，纵横交错的风景名胜遍布全省。杭州作为首批国家历史文化名城，以"东南名郡"著称于世。自跨湖桥遗址和良渚文化以来，纵贯几千年人文历史，五代吴越国和南宋王朝两代建都杭州。杭州更是以三面环山一面城的西湖名满天下，因其优美的自然风光和丰富的人文景观被誉为"人间天堂"。如今的杭州正在以"城市东扩、旅游西进、沿江开发、跨江发展"为总体发展目标，由"西湖时代"向"钱塘江时代"迈进。杭州作为中国特大城市龙头，已经成为中国最具活力和发展潜力的城市之一。

本次 UAD 亚运建筑设计项目，无论是从丝绸、书卷、瓦顶等传统符号中提取绍兴传统江南水乡印象的亚运棒垒球体育文化中心，还是通过 37000 多块单元模块不同角度地旋转勾绘出富春山居图意向的富阳银湖体育中心，抑或是位于

水博园一侧，浙江师范大学萧山校区内的以"水幔"表现钱江潮水流动感和江南丝绸轻盈感的浙师大萧山校区体育馆暨亚运手球馆等，无一不是从每一个项目所在的不同场地出发，深度挖掘其独特的社会、历史、人文、景观等在地元素，通过抽象的建构手法将这些元素自然地融入设计之中，打造独一无二的，属于浙江，属于杭州，属于那一片土地的亚运建筑。

临安市体育文化会展中心项目从传统文人山水画意中汲取整体意境，与周边的山水气韵相呼应，结合场地内低丘缓坡的自然山水特征，以显隐有序的设计策略突出体育馆"城市之光"的主体形象。建筑体量均采用地景化的处理，各层平台与周边道路均逐层平接，极大丰富了场所的可达性和参与性。作为"平衡建筑"理论指导下的作品，本项目巧妙地将山水环境与人工环境和谐共生，是国内目前独一无二的全新形态的体育建筑综合体。

德清地理信息小镇运动中心设计通过降低建筑高度来削弱建筑的体量感，衬托出会址在地信小镇的核心位置，并将绿化延续至整个屋顶形成城市公园的立体空间，通过城市立体公园与北侧凤栖湖的自然景观产生互动和对话，并将最核心的三人篮球比赛场地设置在建筑的屋顶中心位置，以呼应城市脉络的轴线感。同时，设计将大地和自然山水作为出发点，在精神上追求人、自然、运动的和谐统一，与城市的山水历史建立一种文化传承关系。在屋顶立体公园的设计中，植入了各种地貌特征的缩影，将整个屋顶打造成地信小镇的"地理认知活地图"，真正实现"对话城市、融入山水"。

本次 UAD 亚运建筑设计实践正是这样紧扣浙江地域文脉和江南传统文化特色，突出每个项目的在地性、适宜性与赛时赛后并重，为打造一届有着江南意韵、杭州特色的可持续发展的亚运盛会作出贡献。

1　董丹申.走向平衡[M].杭州：浙江大学出版社，2019：11.

·多元包容 回归校园

杭州亚运会坚持"控制成本、充分利用、注重实用、高效运作、科学办赛、彰显特色"的办赛原则，考虑赛后持续利用和服务高校，在高校设置了8个比赛场馆，包括浙江师范大学萧山校区体育馆、浙江大学紫金港校区体育馆、浙江工业大学屏峰校区板球场、杭州电子科技大学体育馆、杭州师范大学仓前校区体育场、杭州师范大学仓前校区体育馆、浙江工商大学文体中心、浙江师范大学东体育场。UAD设计了其中的3个比赛场馆和6个训练场馆。

体育场馆是高校使用频率较高的一类建筑，亚运会和亚残运会赛事使用不会超过1个月，而体育馆的日常使用和经营管理对高校来说是长期持续的。因此，高校亚运场馆在设计之初，就贯彻了"绿色、节俭"的亚运理念，以及"高校日常使用为主兼顾亚运赛事"的原则。设计在充分满足亚运赛时功能要求的基础上，充分考虑校园规划、校园精神和文化，以及师生体育文化需求，做到多元包容、融入校园、回归校园，充分为高校师生服务，既是亚运赛时校园的精神地标，又是赛后师生的体育文化乐园。

浙江师范大学萧山校区体育馆设计充分考虑高校体育场馆的特点，形象上考虑校园现有建筑布局及周边水景，结合浙江师范大学历史传承及学校气质，融入浙江师范大学校园整体空间格局、与校园现有建筑相呼应，使其与整个校园浑然一体，并担负起建构校园秩序、营造场所精神的使命。手球馆的设计在方正建筑体块的力量感、层次感基础上，结合学校办学精神和人文气质，通过"水幔"意向的外立面处理，创新性地营造出一种柔和的气质，方案征求公众意见时，深受师生欢迎。同时考虑校园对手球馆的功能需求，使其既可以承办大型赛事，满足大型庆典、展览需求，也可以服务学校日常教学、运动和集会。手球馆位于校园西南角，面向城市道路，建成后既是所在城区的标志性建筑，又是校园精神场所的焦点。

浙江大学紫金港校区体育馆设计结合现状，遵循布局少改动，空间高利用、改造低成本的原则，并充分考虑到了赛后运营的便捷性和可持续性。通过本次改造，不同程度地升级了体育馆的各项软硬件设施，有效提升了周边的校园环境。也将在赛后满足校内健身及各类文化活动的要求，为继续承办CUBA等国内多项赛事活动及校园对外交流提供条件。为保证亚运赛事的顺利进行，本次改造在原室外泳池附房之上置入了新的篮球热身馆的功能，并且对原泳池建筑进行了改造提升。设计兼顾到赛后使用的场地多重可变性，服务于校园学生的锻炼需求，为高校体育场馆的赛后利用提供了新的改造思路。

杭州电子科技大学体育场设计团队在满足亚运会体育场馆建设要求的前提下，遵循建筑布局少改动，建筑空间高利用、改造造价低成本的原则对场馆加以改造，为亚运会足球训练提供优良条件，并充分考虑到了亚运会过后场地运营的便捷和可持续性。

杭州师范大学仓前校区体育场在满足亚运会使用要求的前提下严格控制改造工程量，升级各项硬件设施，同时便于其赛后恢复高校体育场的日常使用，成为学校对外交流的重要窗口。

UAD的高校基因让设计团队在本次高校亚运场馆设计中游刃有余，紧扣校园精神和师生需求，突出每个项目的可持续性、适应性和辨识度，为诸多高校校园涂上了浓重的一笔。

第 二 章

民本为先 开放包容

图 2.1 杭州亚运会棒（垒）球体育文化中心鸟瞰 1

民本为先 开放包容

图 2.2 杭州亚运会棒（垒）球体育文化中心鸟瞰 2

·杭州亚运会棒（垒）球体育文化中心

体育建筑的内在属性促使我们重新思考如何组织其与城市之间的内在关联。我们想构建一个以体育场馆作为驱动力的体育社区，它能充分考虑城市语境中的多重可能，以前瞻性的视角将其融入城市生活之中。同时，设计以共享开放的理念贯穿整个建筑的生命周期，使其作为联系文化与生活的纽带，赋予体育建筑特有的公共服务价值。

1. 前言

"平衡建筑"不是一种设计风格，而是一种理念与学术追求，一种对待建筑设计在各个环节中的一系列态度。在平衡建筑的特质中，"人本"和"为人"都是放在第一位的，人性关怀是平衡建筑理论的基本出发点。从体育建筑的角度来说，我们不能仅关注于体育赛事举办的集中时间段，而是应回归城市生活，以开放包容的姿态与城市建立全方位联系与依托，以建筑连接人民、社区与城市，体育场馆不仅是用来竞赛，更多的是给市民的生活提供更多的可能。

杭州亚运会棒（垒）球体育文化中心作为本届亚运会规模最大的新建场馆，同时也是目前中国规模最大、标准最高、设施最先进的棒（垒）球体育中心，它将为周边未来社区注入全新的活力，使体育运动成为周边的文化底色。

图 2.3 杭州亚运会棒（垒）球体育文化中心鸟瞰 3

民本为先 开放包容

我们认为,体育建筑并不止于体育竞技功能,而更应强调灵活性的公共服务,以适应开放共享的社会趋向。构建运动社区式的体育文化综合体,使其成为周边环境、区域的引力内核,是杭州亚运会棒(垒)球体育文化中心不同于传统范式的重要特征。

不囿于传统的封闭式独立场馆,设计希望能够打破体育建筑相对封闭的刻板印象,充分考虑城市语境中的多重可能,由棒球场、集训中心、体能训练馆组成的体育文化综合体和一条云翼盖顶的特色商业街紧密结合,引领市民沉浸在共享共融的未来运动社区氛围之中。

图 2.4 杭州亚运会棒(垒)球体育文化中心室内效果 1

图 2.5 杭州亚运会棒（垒）球体育文化中心室内效果 2

民本为先 开放包容

图 2.6 杭州亚运会棒（垒）球体育文化中心鸟瞰 4

2. 未来社区中的体育公园

绍兴作为首批国家历史文化名城，是著名的水乡、桥乡、名士之乡，拥有着鲁迅故里、蔡元培故居、周恩来祖居、王羲之故宅等多处著名的文化古迹，人文气息浓厚。"以人为本、诗意栖居"的保护与发展，使绍兴以容光焕发的姿态展现在世人面前。在 2500 多年建城史中，绍兴更以开放包容的发展环境助推高质量发展。

项目位于绍兴柯桥区和镜湖新区交界处，是规划建设的棒球未来社区中的重要节点及配套。为营建一个充满生机的运动社区，设计以多样城市文化叠加复合功能，从塑造文化性、科学规划、综合利用入手，充分发挥体育建筑在运动社区中的公共服务性质。

项目总建筑面积约 136000 ㎡，分为 A、E 两个地块。A 地块主要建设棒球主副场、体能训练馆与配套酒店；E 地块主要建设垒球主副场。项目功能复合且连接开放，并通过二层平台、大台阶、跨河桥、地下通道等，全方位地融入城市生活。体育场馆、配套建筑与运动场地之间相互围合，形成多层次交往空间，场馆周边配置服务功能，营造活力街区。作为一个对公众开放的体育文化公园，场地整体不设围墙，无论是体育文化商业街或是串联各个场馆的二层平台，市民都可以随时进入，零距离体验。

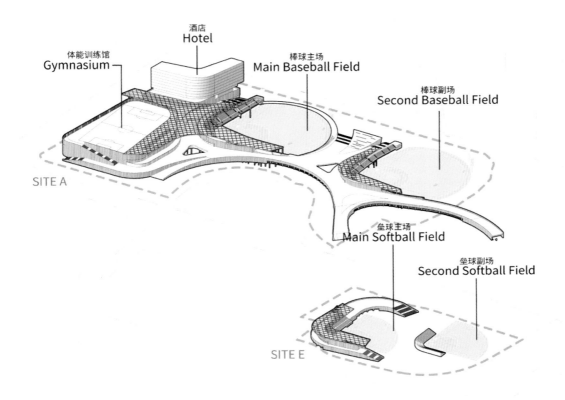

图 2.7 杭州亚运会棒（垒）球体育文化中心分析

项目综合考虑亚运赛时和赛后双阶段的运行管理可行性，巧妙地将场地内部公共空间开放，与周边未来社区有机关联，响应了杭州亚运会"心心相融，@未来"的主题口号。

平衡建筑理论遵循"万法皆轻，其重在人"，始终把"人"或者说"人性化"放在首位。真正实现体育建筑的以民为本，就需要让体育回归城市，回归社区，回归民众，提高全民健康素质成为体育运动的核心。绍兴棒（垒）球体育文化中心，以"未来社区中的体育公园"为定位，充分考虑赛后日常运营的需要和人民日常体育生活的需要，使建筑可以深度融入城市生活中，激发社区活力。

3. 地域文化的呈现

"传承历史，体现地域文化特色"是本设计对城市文化的重要回应。设计从绍兴水乡意境和纺织文化中汲取灵感，展示出契合地域特色的独特构想。各场馆通过丝带状的二层公共平台编织在一起，并与城市街道相连接，成为街道网络的一部分。建筑立面从绸带、书卷、瓦顶等传统文化符号中提取曲线元素，以弧形穿孔铝板材料营造水波连绵的江南意象。穿孔铝板不同比例与形式的穿孔纹样赋予立面特有的技术韵律，延续传统纺织的匠人诗意，唤起民众对地域文化的记忆。

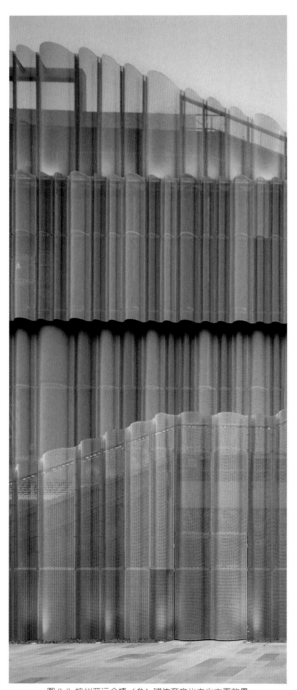

图 2.8 杭州亚运会棒（垒）球体育文化中心立面效果

图 2.9 杭州亚运会棒（垒）球体育文化中心立面意向

图 2.10 杭州亚运会棒（垒）球体育文化中心人视 1

4. 漂浮的"云翼"

场馆上方巨大的罩棚是本次设计的重难点。设计采用双向桁架结构系统，最大处悬挑 16m，由纤细的钢柱支撑。顶面覆盖带二氧化钛涂层的 PTFE 膜，总面积达到 2.1 万 ㎡。每块单元在中间微微隆起，远远望去就像微风吹过水面泛起的波纹，隐喻着绍兴水乡的地域特色。罩棚底面则覆盖曲面白色穿孔铝板，天光透过罩棚漫射于场馆，营造丰富的光影层次。半透明的视觉效果能够消除巨大体量所带来的压抑感，与天际间模糊的边界更显朦胧而轻盈。细长的白色结构柱好似透过云层的天光，形成一种轻盈感和呼吸感。入夜，在丰富的 LED 灯光中，罩棚明亮并通透，为赛时的观众提供独特的观赛体验。

罩棚的表面曲率经由雨水与日照模拟计算，由建筑、结构、给水排水、幕墙等多专业协同合作，最终决定了中部高、周圈低的形式原型，达到最佳的排水和遮阳效果，实现了形式与功能的完美契合。纤细的钢柱中最粗的是结构柱，其余为排水暗管、电缆暗管和装饰柱，不同的管径代表其所承担的不同功能。空间氛围整洁纯净，疏密有致，犹如穿梭于竹林之中。由远而观，整个罩棚犹如漂浮于场馆之上，又似洁白的云翼，将整个场馆荫蔽其下。

图 2.11 杭州亚运会棒（垒）球体育文化中心顶视

图 2.12 杭州亚运会棒（垒）球体育文化中心屋顶

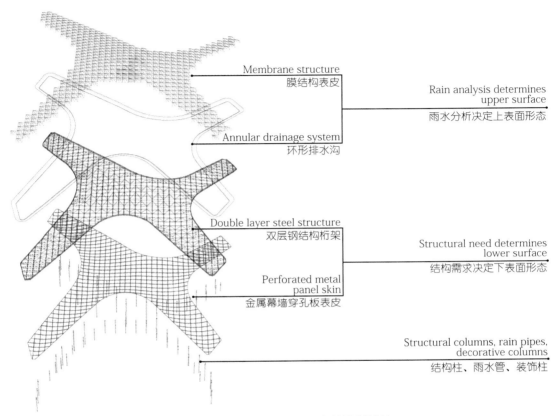

Membrane structure
膜结构表皮

Rain analysis determines
upper surface
雨水分析决定上表面形态

Annular drainage system
环形排水沟

Double layer steel structure
双层钢结构桁架

Structural need determines
lower surface
结构需求决定下表面形态

Perforated metal
panel skin
金属幕墙穿孔板表皮

Structural columns, rain pipes,
decorative columns
结构柱、雨水管、装饰柱

图 2.13 杭州亚运会棒（垒）球体育文化中心结构体系分析

图 2.14 杭州亚运会棒（垒）球体育文化中心人视 2

5. 从赛后利用出发

　　项目综合考虑了亚运赛时和赛后双阶段的运维管理可行性，巧妙地将场地内部公共空间与周边社区进行有机关联。同时，设计注重建筑与自然环境的融合，空间功能可变性强，因地制宜，为赛后的体育文化社区提供便利。棒垒球体育文化中心除棒球场和垒球场之外，还配建有酒店、全民健身中心与大量的商业服务空间，能够满足亚运会赛后多样化的运营需求，成为未来社区内重要的配套服务中心。以体育服务为支点，带动整个片区的发展，提升社区的人气。

图 2.15 杭州亚运会棒（垒）球体育文化中心内场

图 2.16 杭州亚运会棒（垒）球体育文化中心夜景

民本为先 开放包容

6. 结语

　　无论是亚运会体育竞技者，还是普通市民，都能从杭州亚运会棒（垒）球体育文化中心中体察到新式体育建筑理念：复合式的服务功能，与外界城市的良性循环体系，以及荟萃于其中的空间现象。项目以运动社区的视角，将其融入城市之中，将建造建立在城市、社区、文化因素的经纬之上。"云之翼"静候栖伏于水乡之上，锚定着场所与城市间的自然关联，消弭着两者间的空隙，活力的运动社区由此生发。

　　此项 UAD 亚运体育建筑设计实践，紧扣"民本为先、回归城市"这一主题，在完成亚运使命后，继续向社区市民开放共享，充分发挥体育建筑在城市中的公共服务作用，在"后亚运时代"成为城市和人民活力的运动核心，持续释放活力。

第 三 章
富春意韵 在地表达

图 3.1 富阳银湖体育中心夜景

·富阳银湖体育中心

UAD 平衡建筑理论强调传承历史，承载生活，回应自然。时间流淌，让生活书写历史。一方山水一方文脉，让生活回归自然。"矛盾共生""融于环境"均为平衡建筑理论的要旨，不管是光线气候、水文地质等自然因素，还是历史文化、民俗生活等人文因素，只有根植本土，有源创新，设计的在地性才能得以表达。

浙江大学建筑设计研究院有限公司的设计团队秉承"经济手段实现绿色亚运、低技手段建构文化亚运"的设计理念，在尊重专业的体育工艺要求的基础上，结合具有富阳特征的山水意向，通过简洁的形态、紧凑的空间布局、环保的建筑材料、低技的构造手段、可持续利用的场馆设施等方式，完成亚运会射击、射箭、现代五项比赛场馆（场地）的设计，成功落实亚运会"绿色、智能、节俭、文明"的办赛理念。

1. 感知山水

浙江自古以来就以优美的自然风光与丰富的人文景观而闻名，杭州作为首批国家历史文化名城，更是以三面环山一面城的西湖名满天下。富春江位于浙江省中部，一头连着享有"人间天堂"美誉的杭州西湖，一头连着人称"归来不看岳"的安徽黄山，素有"天下佳山水，古今推富春"之称。

图 3.2 富阳银湖体育中心鸟瞰 1

富阳银湖体育中心（杭州亚运会射击、射箭、现代五项馆）就坐落于此。

富阳银湖体育中心，位于杭州市富阳区银湖街道，是2023年第19届亚运会12个新建场馆之一，举行亚运会射击、射箭、现代五项三个大项的比赛。项目用地面积275182㎡，建筑面积85840.7㎡。

大型赛事的体育建筑不仅要满足基本的竞赛要求，还要彰显地方文化、呼应场地环境、带动片区发展。场地西、北环山，南侧临水，东侧连接城市，站在场地中央，又被群山怀抱，让人不禁想起富春江畔的远山近水，苏轼"远山长，

云山乱，晓山青"的自然感悟，黄公望"兴之所至，不觉亹亹布置如许"的富春山居。黄公望把对哲学、文学的思考变成山石、汀沙跟云之间的互动，人生最重要的并不是仕途、财富，而是修身养性，是寄情山水、融于自然的那份悠闲与平静。

因此，方案思考如何运用当代建构技术，打造一座多元、复合的运动竞技场馆；如何在满足赛事功能的前提下，回归场所本源，与山水融洽相处，进而感知它、诠释它；如何将杭州韵味、富阳特色传递给参赛的各国运动员、教练员。

图 3.3 设计意向

图 3.4 富阳银湖体育中心鸟瞰 2

富春意韵 在地表达

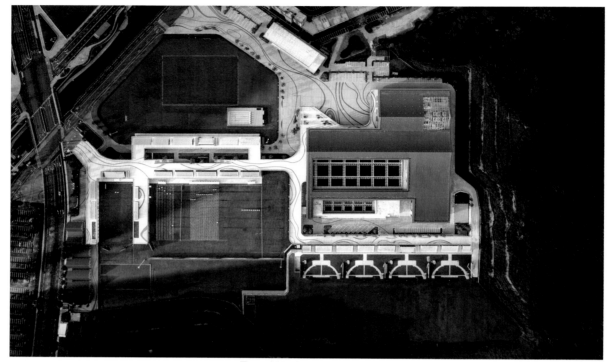

图 3.5 富阳银湖体育中心屋顶视角

2. 现代演绎

于场地，通过设置 5 个标高的台地来呼应山地的高差变化，充分考虑对山体自然环境的保护，减少山体开挖，内部平衡土方。通过二层平台高效连接三个比赛项目，合理组织人流；将射击比赛的 10m 资格赛、25m 资格赛、50m 资格赛、决赛馆垂直分布，将三个项目共用功能集中布置在新闻安保中心，集约、高效地利用场地。

于山水，射击综合馆平面方正、体量庞大，建筑造型采用多段坡屋面的衔接，顺应周边山体，消解建筑体量，使建筑与自然融为一体；立面设计，采用了参数化的手段、像素化的手法将富春山居图进行现代演绎，完成了一个从抽象到具象，由具象表达抽象的过程。

于表皮，建筑放弃机械化、智能化、信息化等参数化的高技手法，采用模数化、低成本的标准构件，低技地将其实现。设计以 300mm×520mm 的百叶作为单元模块，通过 37000 多块单元模块不同角度地旋转，用低技、质朴的转轴方式，"以百叶为笔，以阳光为墨"，排列组合出具有"富春江畔的一片烟云，一曲流水，一座寒山，一株古树"的山水立面，再次勾绘出富春江畔的自然之景。

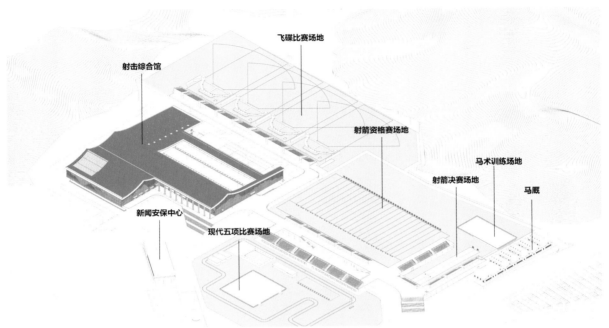

图 3.6 富阳银湖体育中心功能示意

图 3.7 富阳银湖体育中心人视角 1

图 3.8 富阳银湖体育中心立面效果 1

图 3.9 富阳银湖体育中心立面效果 2

于建构，单元百叶的旋转角度通过百叶底部的齿轮进行控制，每个齿轮以5°为最小模数开模生产，将百叶的旋转角度限定在15°~85°之间，分15°、20°、25°、30°、35°、40°、45°、50°、55°、60°、65°、70°、75°、80°、85°，共15个角度，角度模数越小，单元数量越多，像素就会越高，山水的意向就会更加清晰。施工时只需按照图所示百叶角度，精确控制转轴角度即可安装到位。通过这15种简单的百叶旋转角度，在阳光的帮助下，达到表达复杂的图案效果。

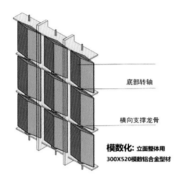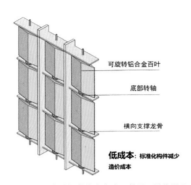

图 3.10 富阳银湖体育中心"单元百叶构造"

图 3.11 富阳银湖体育中心立面效果 3

富春意韵 在地表达

3. 光法自然

　　所谓光法自然，源于"师法自然"一词，意为不只是效法自然，还要以自然光为师，效法光影变化，再运用光影变化，质朴而自然地重新诠释自然。

　　随着光线变化而变幻的表皮讲述了一个光的故事。日出，烟雾散去之时，建筑立面逐渐展现，阴影逐渐减少；午时，阳光直射山顶，幕墙百叶对比强烈，远山近水清晰呈现；日落，远山、行舟、古树，富春山水的每一个神态，慢慢消失在建筑表皮之中；夜晚，在泛光的作用下，一幅亮丽的富春山水秀又将徐徐展开。

　　时间永远是最宝贵的，日转影动，生机勃发，百叶的阴影一直在无声地记录这些时光流逝的痕迹。建筑巧妙地利用自然光线，用日月光明，借四季交替，再现富春山水。

图 3.12　富阳银湖体育中心人视角 2

图 3.13　富阳银湖体育中心屋檐细节

33

4. 持续运营

　　作为平衡建筑理论五大实践原则之一，"持续生态"在本次设计实践中得以充分彰显。平衡建筑的可持续发展观强调"动态更迭"，既要以空间复合、功能可变来满足赛时赛后不同的使用侧重点需求，又要运用绿色低碳的设计手段实现生态设计目标，保证场馆的可持续运营。

　　绝大部分的竞技体育场馆往往投入大，使用频率并不高，尤其是类似银湖体育中心这样专业性强、受众面小、赛事等级高的体育场馆。本项目秉持绿色低碳、快速拆建、构件再利用的设计策略，在使用空间上、结构选型上、建筑设施上充分考虑场馆赛后多种场景的使用可能。新闻安保中心、辅助用房、马厩等大量采用了可循环利用的钢结构作为主体结构。在室外比赛场地、室内射击资格赛场地我们均采用了活动座椅，整个项目中活动看台的占比高达 70%，便于赛后拆除；比赛场地转化为市民参与度更高的游泳、篮球、羽毛球、乒乓球等大众体育项目，还馆于民，实现可持续运营。

　　设计重视对天然采光、自然通风策略的运用，通过计算机辅助手段为比赛场馆赛后的可持续运营提供保障。在游泳馆等大空间的比赛场馆，我们采用了 52 个导光管组织天然采光，为非比赛时间以及赛后日常低成本运营创造条件。

图 3.14 富阳银湖体育中心鸟瞰 3

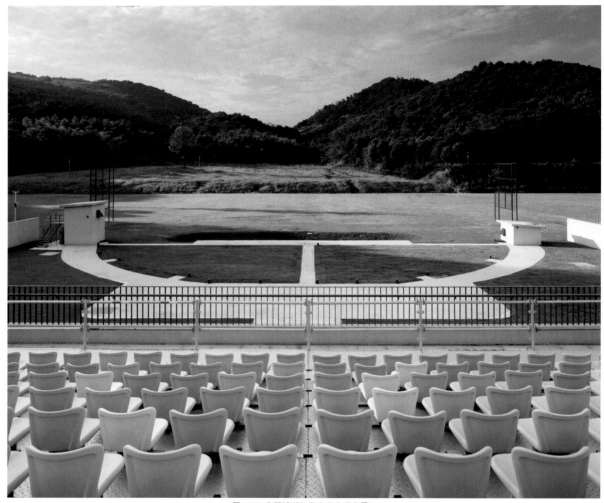

图 3.15 富阳银湖体育中心内场实景 1

图 3.16 富阳银湖体育中心内场实景 2

富春意韵 在地表达

5. 结语

项目以山水意向为蓝本，以百叶为笔，以阳光为墨，重新在自然山水中阐述自然，取法自然，效法自然，表达自然，诠释自然。通过笔法、技法和构造手法，重绘"富春山居"的江南山水意象。这更是一种文化的传递，将杭州文化韵味、富阳山水特色传递给世界。

根植于场所的设计，以在地和共生的理念，将存在和表象重新合为一体，从而达到平衡的建筑。UAD 本次的富阳银湖体育中心建筑设计实践，紧扣浙江地域文脉和江南传统文化特色，突出项目的在地性、适宜性与赛时赛后并重，以抽象的建构手法将自然、人文元素融入设计之中，打造了一届有着江南意韵、独一无二的、彰显杭州特色的亚运盛会。

第　四　章

校园精神 江南水幔

图 4.1 手球馆效果

·浙师大萧山校区体育馆暨亚运手球馆

场馆位于浙江师范大学萧山校区之中，灵感来源于杭州印象中的钱江潮水和江南丝绸，结合师范校区柔和气质，设计师提出温婉内敛的"水幔"意向，打造契合中国文化的建筑质感。环布场馆的 308 道"水幔"从天而降，如江南丝绸般顺滑，又如钱江潮水般磅礴。在"水幔"向地面延伸的尽头，"绿植表皮"展现校园的勃勃生机，建筑的边缘与广场以柔和的曲面连接，两者融为一体，使"水幔"沿着广场向远方不断延伸。

1. 设计背景

继北京、广州之后，杭州于 2015 年成功获得第 19 届亚运会的主办权，成为我国第三座举办亚运会的城市。杭州亚组委提出了"绿色、智能、节俭、文明"的办赛理念，以及"控制成本、充分利用、注重实用、高效运作、科学办赛、彰显特色"的办赛原则。根据亚运会设置的 40 个竞赛大项，浙江省共设置了 56 个比赛场馆，包括新建场馆 12 个、改建场馆 26 个、续建场馆 9 个、临建场馆 9 个。其中设置在高校的比赛场馆 8 个，包括浙江大学（紫金港校区）体育馆、浙江师范大学（萧山校区）体育馆、浙江工业大学（屏峰校区）板球场、杭州师范大学（仓前校区）体育场、杭州师范大学（仓前校区）体育馆、杭州电子科技大学体育馆、浙江工商大学文体中心、浙江师范大学东体育场。

浙江师范大学萧山校区体育馆暨亚运手球馆（以下简称手球馆）是杭州亚运会全部 12 个新建比赛场馆中唯一一个位于高校的场馆。体育馆选址浙江师范大学萧山校区内，地处萧山高教园区。基地位于校园西南角，建设用地面积约

35676m²，总建筑面积约 15898m²，东侧为校园体育场，北侧为校园公共区，校区西侧为中国水博园。体育馆周边除已建校园及水博园外，基本为农田，远期规划为住宅及学校用地。

设计之初，我们面临的挑战是，一方面要面对亚组委针对赛时观众、运动员、技术官员、贵宾、亚运大家庭成员、各单项运动协会、竞赛管理、媒体、安保、志愿者等十多类人群，提出的纷繁复杂的赛时功能分区、用房和设施设备要求；另一方面，要贯彻亚运绿色节俭理念，利用投资规模有限的校园设施来满足办赛要求，充分考虑赛后学校日常的使用需求，并满足校园总体规划要求。

2. 城市与校园

（1）城市韵味

杭州立足于办一届"大国风范、江南特色、杭州韵味"的体育文化盛会，因此，杭州亚运会新建比赛场馆设计把体现杭州城市文化特色作为重要的原则。杭州作为首批国家历史文化名城，城市底蕴深厚、开放包容、人文渊薮、自然和谐。城市格局一直保持并延续着城湖合璧、灵秀精致、山水城相依的自然风貌，逐步发展并营造拥江而立、疏朗开放、城景文交融的大山水城市特色。手球馆设计理念提取杭州典型的"江南水乡"风韵内涵，体现杭州城市韵味，既符合建筑在地的文化气息，也充分体现出了我们的文化自信。

路易斯·康说过："当建筑师将各种设计上的问题都解决之后，将会惊讶于呈现在眼前的建筑造型。"建筑形象的直观性和重要性由此可见 [1]。设计团队通过反复尝试抽象出杭州印象中钱江潮水及江南丝绸的感觉，提出"水幔"的设

1　钱锋，王伟东 . 体育建筑形象创新与结构设计 [J]. 新建筑 ,2009(1):72-74.

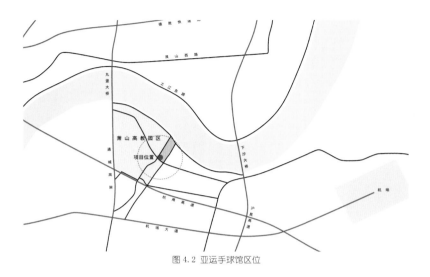

图 4.2 亚运手球馆区位

杭州印象：钱江潮水——流动感

杭州印象：江南丝绸——轻盈感

图 4.3 立面意向演绎示意

计意向，舍形而悦影，舍质而趋灵。"水幔"是指从高处垂落而像帘子一样的水幕，象征纯净、自然，平实中蕴含寓意。水幕相调，契合江南的烟雨朦朦，同时也是浙江地域文化的委婉表露，符合杭州的城市气质。"水幔"是包容的，代表了交流与融合，作为亚运会赛事的承办场馆，力求表现出中国文化与艺术脉络。"水幔"是灵动的，随着光影调和出万般姿态，象征着杭州在互联网时代下互联互通快速发展的形象。

图 4.4 亚运手球馆主入口实景

图 4.5 亚运手球馆东北立面实景

校园精神 江南水幔

（2）校园精神

浙江师范大学萧山校区占地 350 亩（约 23.33hm²），是浙江师范大学 4 个校区之一，位于萧山科技城高教园区，于 2014 年 7 月 1 日揭牌成立，主要用于杭州幼儿师范学院及特殊教育师范专业建设，全日制在校生及教职工约 3000 人。校园分为校前区、教学区、公共区、生活区、运动区五大功能区，手球馆位于运动区西侧。

图 4.6 校园规划与手球馆位置关系

图 4.7 亚运手球馆和校园

浙江师范大学校训为"砺学砺行，维实维新"，注重学行结合，崇尚实践，追求创新。萧山校区以幼师相关专业为主，女生比例 90% 以上，校园文化需要更多地考虑女性的审美特点。体育建筑形象往往强调体育运动的力量感，手球馆的设计在方正建筑体块的力量感、层次感基础上，结合学校办学精神和人文气质，通过"水幔"意向的外立面处理，创新性营造出一种柔和的气质，方案征求公众意见时，深受师生欢迎。在杭州亚组委发起的杭州亚运会、亚残运会 2021 年度"十大场馆"评选活动中，浙江师范大学萧山校区体育馆获得"校园风采奖"称号。

设计充分考虑高校体育场馆的特点，形象上考虑校园现有建筑布局及周边水景，结合浙江师范大学历史传承及学校气质，融入浙江师范大学校园整体空间格局，与校园现有建筑相呼应，使其与整个校园浑然一体，并担负起建构校园秩序、营造场所精神的使命。同时考虑校园对手球馆的功能需求，使其既可以承办大型赛事，满足大型庆典、展览需求，又可以服务学校日常教学、运动和集会。手球馆位于校园西南角，面向城市道路，建成后既是所在城区的标志性建筑，又是校园精神场所的焦点。

校园精神 江南水幔

3. 功能与空间

（1）基于高校使用和亚运赛事的手球馆功能构成

三届亚运会手球比赛场馆基本情况一览表　表 4.1

承办赛事	场馆名称	座席数	内场尺寸	总建筑面积	建设类型
1990 年北京亚运会	国家奥体中心体育馆	6000	40m×70m	25300m²	新建
2010 年广州亚运会	广州大学城华南师范大学体育馆	3871	37m×53m	19206m²	改扩建
	广州大学城广东工业大学体育馆	4128	45m×62m	14050m²	改扩建
2022 年杭州亚运会	浙江师范大学萧山校区体育馆	2345	32.7m×47.8m	15898m²	新建
	浙江工商大学文体中心	4439	36.775m×51.16m	19149m²	改扩建

杭州亚运会是我国第三次承办亚运会，随着奥运、亚运、大运等一系列大型国际综合性运动会的成功举办，相关部门对赛事承办规律和需求日益了解，赛事场馆建设越来越理性。亚运会除了主场馆外，一般比赛场馆座席规模要求为3000 座左右，按照《体育建筑设计规范》JGJ 31-2003，属于中小型体育馆。

《体育建筑设计规范》JGJ 31-2003 对中型体育馆的比赛场地要求及最小尺寸按"可进行手球比赛"要求，最小尺寸为 44m×24m。辅助用房和设施应包括观众用房、贵宾用房、运动员用房、竞赛组织工作用房、新闻工作用房、广播电视技术用房、计时记分用房、其他技术用房及体育器材库等。

通过对比三届亚运会手球比赛场馆[1-3]，可以发现除了1990 年北京亚运会场馆为大型体育馆外，其他两届亚运会的 4 个场馆均为中小型高校体育馆，座席数为 2345~4439 座，总建筑面积为 1.4 万 ~1.9 万 m²。4 个高校体育场馆内场尺寸宽度为 32.7~45m，长度为 47.8~62m。

体育馆是高校使用频率较高的一类建筑，亚运会和亚残运会赛事使用不会超过一个月，而体育馆的日常使用和经营管理对高校来说是长期持续的。因此，在设计之初，功能构成和平面布局就考虑以高校日常使用为主兼顾亚运赛事的原则。浙江师范大学萧山校区体育馆依据学校师生规模来确定座席规模，结合亚运赛时需求和高校日常使用需求来确定体育馆内场尺寸和功能用房配置，从功能和规模来看是典型的高校中小型体育馆。在三届亚运会手球比赛场馆中，是座席规模和地上建筑面积最小的场馆，充分体现了绿色、节俭的亚运办赛理念，也体现了体育建筑设计的理性原则[4]。

（2）适应性建筑空间策略

高校对体育馆的日常使用需求除了体育训练、体育教学、学生健身等体育功能外，还要承担毕业典礼、文艺演出、社团活动、会议讲座、展览招聘等大量演艺和社会活动功能，场地尺寸、看台规模和布局、功能用房和设施设备要充分考虑这些需求。

基于高校日常使用为主兼顾亚运赛事的原则，设计以运营为导向，进一步细化手球馆的功能构成，通过适应性建筑空间策略，满足手球馆的多样化复合性使用需求。

a. 场地适应性

从比赛场地和热身场地尺寸、布局、材料等方面，增加场地适应性。比赛场地尺寸的确定，除满足亚运会手球比赛"比赛区、安全区和工作区"的尺寸要求外，还充分考虑了高校日常体育、演艺和社会活动需求。最终确定的比赛大厅内场尺寸为 32.7m×47.8m，满足手球馆在不同功能模式

1　闵华瑛，马国馨．奥林匹克体育中心体育馆 [J]．建筑学报，1990(9):15-19.

2　李传义．广州大学城体育场馆规划与建设回顾 [J]．城市建筑，2007(11):21-24.

3　徐俊健．面向文脉传承与功能集约的高校文体中心设计探索——以浙江工商大学文体中心为例 [J]．当代建筑，2021(9):141-143.

4　孙一民．回归基本点：体育建筑设计的理性原则——中国农业大学体育馆设计 [J]．建筑学报，2007(12):26-31.

图 4.8 亚运手球馆比赛大厅实景

下的场地转换需求。热身场地尺寸为 $22m \times 44m$，除亚运赛时可布置一片手球场外，平时可转换为 6 片羽毛球和 9 片乒乓球场地使用，可满足多种无需使用看台的活动场景使用。热身场地和比赛场地之间既有便捷的通道直接连接，又有独立的出入口，方便日常独立开放使用。

b. 看台适应性

考虑高校体育馆有经常性举行会议讲座、典礼和演艺活动的需要，将南北两侧看台设计为非对称布局，北侧看台座席数为 1422 座，南侧看台为 923 座（含贵宾席 98 座、临时座席 565 座）。南侧看台赛时通过布置临时座席满足观众席数量要求，平时将临时座席拆除后，贵宾席后方可作为舞台使用，使手球馆更好地具备了剧场、报告厅的功能。同时，舞台还可以作为乒乓球等项目运动场地使用，为手球馆增加

了运动空间。

c. 功能用房适应性

功能用房布局充分考虑高校日常使用需要，尽量压缩赛时需要、日常不需要的功能用房规模，通过临时设施、临时分隔等方式来满足部分赛时需求。建筑整体南北长、东西窄，热身馆布置在建筑南侧，除比赛场地和热身场地兼用的运动员更衣室外，主要功能用房集中布置在建筑北侧，方便高校日常管理和使用。设计阶段充分考虑体育系日常教学办公使用要求，根据校方提出的办公、教学、会议等用房需求，进行功能用房布局。同时，功能用房尽量采用自然通风采光，考虑灵活使用和分隔的可能性。此外，为了满足城市应急避难系统建设需要，手球馆设计也围绕应急避难功能，考虑了应急安置、医疗救援、统筹指挥等空间转换需求。

场地功能转换

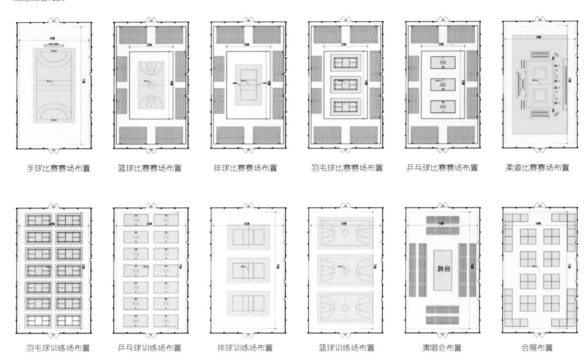

手球比赛赛场布置　　篮球比赛赛场布置　　排球比赛赛场布置　　羽毛球比赛赛场布置　　乒乓球比赛赛场布置　　柔道比赛赛场布置

羽毛球训练场布置　　乒乓球训练场布置　　排球训练场布置　　篮球训练场布置　　演唱会布置　　会展布置

场馆功能转换

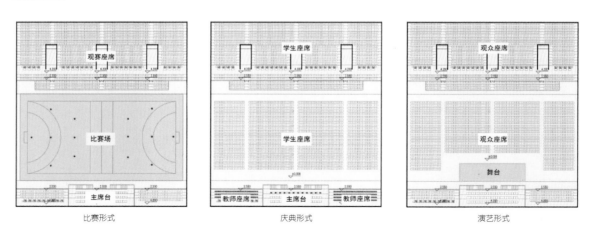

比赛形式　　庆典形式　　演艺形式

图 4.9 不同功能模式场地及看台转换示意

赛时平面

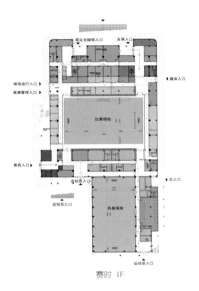

赛时 1F

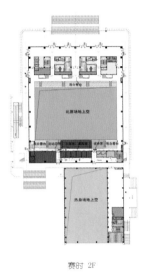

赛时 2F

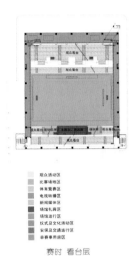

赛时 看台层

赛后平面

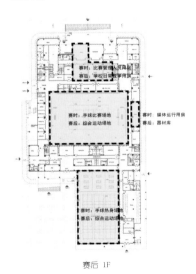

赛后 1F

赛后 2F

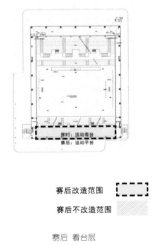

赛后 看台层

图4.10 赛时赛后功能用房转换示意

图 4.11 亚运会时期手球馆实景

图 4.12 亚运手球馆廊道实景 1

校园精神 江南水幔

d. 建筑体块生成

在场地、看台和功能用房适应性基础上，对建筑空间布局和体块组合进行了充分比较和论证。主馆和热身馆沿南北向串联排列，建筑形体上在主馆及热身馆之间增设辅助体量，作为入口及运动辅助功能，同时平衡主副馆之间体量关系。在建筑完型体量上对其进行表皮设计，设计从建筑意向出发，模拟水幔带来优雅的流动感，在柔性的表皮上构建出如同流水般一条条的构造线条。线条单元由上而下逐渐收窄，以轻盈与漂浮感作为建筑的核心表达，并隐约展现内部场馆，以渐变的通透性来解决建筑体量表达与人体尺度之间的矛盾。同时，外表皮设计了弧线接地的造型，与环境柔性连接，绿植从地面沿着立面弧线蔓延而上，通过建筑与地景一体化设计，实现整体化的空间感受。整体上，通过建筑空间体块的组合、表皮的通透性和变化、地景一体化，来实现

"江南水幔"的灵动神韵。

4. 结构与表皮

意大利建筑大师奈尔维在《建筑的艺术与技术》一书中写道："一个技术上完善的作品，有可能在艺术上效果甚差，但是，无论是古代还是现代，却没有一个美学观点上公认的杰作而在技术上却不是一个优秀的作品。看来，良好的技术对于良好的建筑来说，虽不是充分的，但却是一个必要的条件"[1]。建筑艺术和技术的结合，体现在丰富的建筑形象语言和严谨的结构逻辑语言的结合上。手球馆建筑设计

1　奈尔维.建筑的艺术与技术 [M].黄运升，译.北京：中国建筑工业出版社 ,1981.

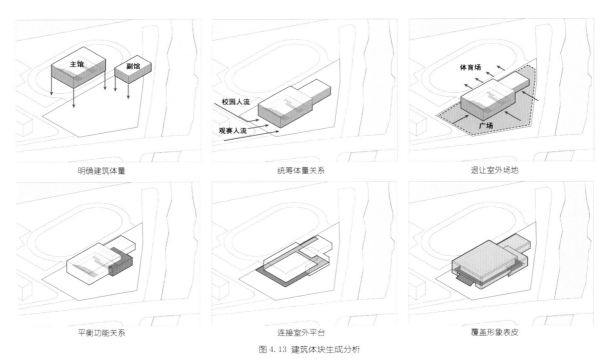

| 明确建筑体量 | 统筹体量关系 | 退让室外场地 |
| 平衡功能关系 | 连接室外平台 | 覆盖形象表皮 |

图 4.13　建筑体块生成分析

注重建筑结构与建筑造型的契合，结构选型充分考虑建筑水幕造型和大跨空间的需要，并应用参数化技术生成建筑表皮，建构表皮与结构的逻辑关系。

结构设计主要创新点有以下两点：一是以张弦梁作为屋盖大跨结构承重体系，张弦梁再与周边桁架及立面异形通高构件构成整体受力模型，使室内空间通透；二是建筑外立面采用了水幕造型，结构采用了双向变截面的异形结构，其上部与屋面桁架相连接，下部与基础相连，既作为外立面幕

墙的主龙骨，同时也对整体结构有一定的支撑作用。该体系契合建筑体形，同时兼具结构受力作用，使建筑与结构完美融合。

比赛馆大空间的尺度为 $54m \times 69m$，竖向承重构件主要为 6 榀张弦梁结构。6 榀张弦梁搁置在东西向的型钢柱顶，再与周边的其余桁架构件构成整体钢结构体系。热身馆屋顶层竖向承重构件主要为 7 榀张弦梁结构，热身馆的 7 榀张弦梁结构支撑在四周的框架柱柱顶。热身馆的张弦梁跨度小，

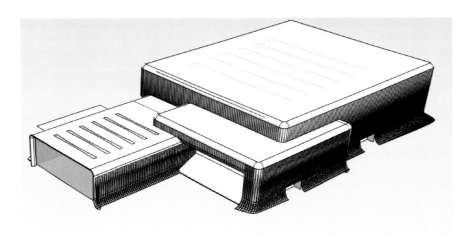

整体模型

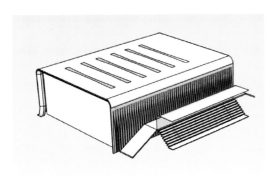

训练馆单独模型

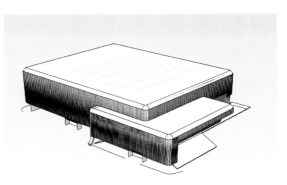

体育馆单独模型

图 4.14 亚运手球馆结构模型

建筑师在与结构工程师的沟通碰撞中，造型上做了一些有利于室内效果的改动。

为了突显主入口的形象感，设计着重考虑了其外观的表现形式。为此，设计从基准曲线中提取了与入口附近相关的线条，并对其进行了形式转化。通过这一筛选和变化的过程，得到了最终的立面基准线条。下一步需要将这些线条深化为实体形式。线条的实体化设计采用剖面放样、线性扭转和多层次嵌套等构造方法，以进一步丰富立面要素。

在实现曲线的实体化过程中，设计采用了截面扫描（SWEEP）的实体生成命令。具体而言，我们通过对曲线在不同位置进行断面设计，并沿曲线进行扫描成型，以呈现最终的立面形式。这种方法与设计初期的预期基本一致，并为进一步优化提供了坚实基础。在设计过程中，进行了参数的

精细调整和比较，调整了曲线分解的密度、各个截面的尺寸和形态，以观察立面线条的密集程度和虚实关系对整体造型的影响，并进行了多个方案的综合比较。经过认真评估，我们最终选择了一种符合设计师审美需求的立面形态，该形态呈现出流畅柔和的特征，并展现了和谐的虚实关系。

立面线条的深化中，设计构建了铝板外立面形式与内部钢结构骨架之间的逻辑关系，从构造层面实现由外而内的数据传导，表皮以内的结构、构件连接均可以顺从外立面的形式变化，快速地得出各层次构件的尺寸，便于设计师对构造合理性进行判断[1]。

---

1 沈晓鸣,杜信池,唐秋萍,周立.体育建筑线性表皮的参数化设计方法[J].建筑与文化,2021(11):28-31.

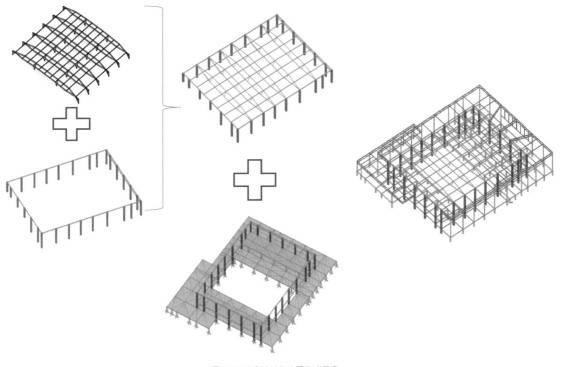

图 4.15 比赛馆结构体系构成示意

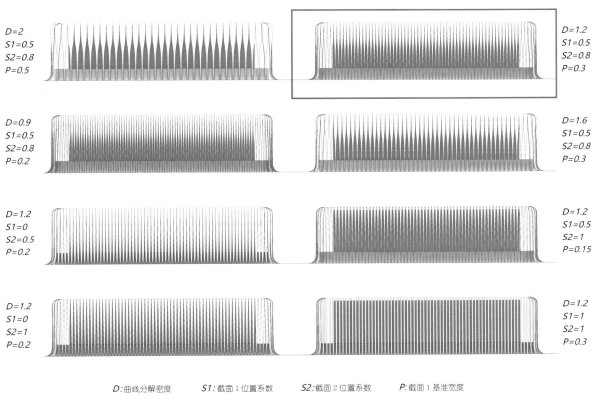

D：曲线分解密度　　　$S1$：截面1位置系数　　　$S2$：截面2位置系数　　　P：截面1基准宽度

图 4.16 基于 Grasshopper 编程的参数化表皮比选

5. 结语

　　2022 年 3 月 31 日，杭州亚运会、亚残运会 56 个竞赛场馆全面竣工并通过赛事功能综合验收，浙江师范大学萧山校区体育馆也按期落成并举办了亚运测试赛。因疫情推迟，亚运会于 2023 年 9 月举行，从 2019 年设计中标开始至杭州亚运会投入使用，历时 5 年。这件投入无数精力的作品带着杭州韵味和校园精神，向来自亚洲 46 个国家和地区的运动员们精彩地呈现出来。手球馆设计是我们对高校体育建筑如何兼顾赛事和日常使用功能的又一次探索，"城市与校园、功能与空间、结构与表皮"是我们在建筑创作中重点关注的三组关键词，通过对这三组关系的反复协调和细致探索，深入践行"绿色、智能、节俭、文明"的亚运理念和"砺学砺行，维实维新"的浙师大精神，打造浙师大校园的精神地标。

图 4.17 亚运手球馆廊道实景 2

图 4.18 亚运手球馆实景 1

校园精神 江南水幔

图 4.19 亚运手球馆实景 2

第　五　章

对话城市　融合山水

图 5.1 德清地理信息小镇运动中心鸟瞰实景

对话城市 融合山水

·德清地理信息小镇运动中心

"还湖于民，融入日常"是这座场馆追求的目标。项目通过降低建筑高度来削弱体量感，延续绿化至屋顶形成立体公园，将最核心的比赛场地设置在屋顶中心位置，呼应城市脉络的轴线感。建筑界面以轻盈、自由的形象为城市提供了一个自然生态的沿湖背景面。项目以一种更有趣、更绿色的立体公园的方式来回归城市，通过空间的共享、界面的互动，将建筑与城市空间相融合，把它打造成"亚运遗产"，变成象征运动精神的永久性地标。

1. 设计背景

德清近年来依托"改革创新、接沪融杭"的发展战略，以开放融合为发展优势，纳入杭州城西科创大走廊规划。德清地理信息小镇运动中心项目的规划用地处于城市规划的中心轴线上，北侧紧邻凤栖湖湖岸。凤栖湖规划之初，取意"凤鸟东来，有凤来仪"，环湖设计的市民公园、杉木栈道等都旨在城市的轴线上打造绿洲诗意。因此，延续城中绿洲的生态界面成为设计的初衷。

每个建筑都有自己独特的环境属性，建筑设计不能抛开

图 5.2 德清地理信息小镇运动中心总平面

城市脉络和街区肌理，仅仅关注其自身的功能需求和形式语言。建筑承载着城市的记忆，也是城市脉络的物化承载[1]。每个城市都有属于自己的城市脉络和精神特征，通过建筑去记录和表达城市，并且承载更多城市脉络展示与传承的责任，这正是德清地理信息小镇运动中心所力求实现的目标。

运动中心用地位于德清地理信息小镇凤栖湖南岸，总用地面积 36330㎡，总建筑面积 51700㎡，项目建设分为赛时和赛后两部分。赛时功能包含三人制篮球比赛场地、赛前热身场地、赛时各类人员休息区、办公区及各类附属用房等内容，并将承办杭州 2023 年第 19 届亚运会三人制篮球比赛。赛后功能包括青少年篮球训练馆、体育培训商店和城市规划展览馆等内容，同时兼顾全民健身的需求。

项目从凤栖湖的湖滨开始，湖滨属于市民。设计旨在创造一个灵活的、多用途的、个性突出的体育公园，并很亲和地融入自然，为人们打造一个有着奇妙体验的完美城市背景。将生活和景观、建筑和城市有效地融合为一体，运动场景不再是简单的运动空间，而是灵动的艺术空间，是呈现市井生活的场所，场景更为多维、立体、有温度，更具情怀。项目充分考虑了建筑赛时和赛后功能的转换，体现了本届亚运会 "绿色、智能、节俭、文明" 的办赛理念，更充分体现了 "大国风范、智慧园区、山水德清" 设计要素。

2. 对话城市

运动中心基地北侧紧邻凤栖湖，与居于整个地信小镇核心位置的联合国全球地理信息管理德清论坛会址隔湖相

1　王玉平，鲁丹，章慕壹．基于城市脉络的建筑表达 —— 芜湖城市展览馆、博物馆建筑方案设计 [J]．华中建筑 ,2012 (5):63-66.

望。对此，项目通过降低建筑高度来削弱建筑的体量感，衬托出会址在地信小镇的核心位置，并将绿化延续至整个屋顶形成城市公园的立体空间，通过城市立体公园与北侧凤栖湖的自然景观产生互动和对话，并将最核心的三人制篮球比赛场地设置在建筑的屋顶中心位置，以呼应城市脉络的轴线感。

运动中心项目试图将整个场地还给城市，优化被林立的建筑群落忽视的公共区域，打造规划轴线上的城市空间。市民在这片城市空间中，可以锻炼、玩耍，也可以与他人相遇交往。屋顶空间作为一个三维的可能存在的城市空间被考虑，如何利用这个三维存在的空间成为设计的着手点。建筑不是设计的主题，而是覆盖在用地之上屋顶城市空间之下的 "地毯"。

运动中心东西两侧以舒缓的草坡模糊建筑和场地的边界，也自然地将人们引导上屋顶开放的城市空间。与城市轴线相交处，建筑屋顶之上赛时作为三人制篮球比赛场地，场地内配备一片篮球场、四面 LED 广告机、四面看台、LED 计时分屏等，可容纳观众 1000 人。可活动的装置、明快的颜色、辅助的照明，在屋顶城市空间中限定了活动空间和路线引导。赛后场地除了篮球训练和比赛外，还可以作为演讲、音乐会等聚集性活动场地。中心场地以外限定的四翼空间，以不同的主题定义，限定覆盖儿童、青年、老年等不同人群的聚集和交流。夜光彩虹跑道环通整个屋顶城市空间，不同的空间性质建立起不同的、强烈的场所感，并因串联而创造出一种美妙的体验。通过对城市空间的干预设计，不仅改善了空间的使用品质，也是对使用者心理健康机制的完善。

建筑南侧沿街呈现出完整连续的形象，主入口疏密有致的柱廊空间和两侧立面变化的竖向格栅，为市民营造一种在林中漫步一般的沉浸式体验。建筑北侧沿湖界面则以轻盈、

图 5.3 德清地理信息小镇运动中心人视角实景

对话城市 融合山水

图 5.4 德清地理信息小镇运动中心沿街透视 1

图 5.5 德清地理信息小镇运动中心沿湖透视

自由的形象展现，为凤栖湖城市景观带提供了一个自然、生态的城市背景面。在功能布局上，运动中心与凤栖湖周边的德清银泰城、联合国全球地理信息管理德清论坛会址、联合国地理信息展览馆形成互补。沿湖的漫步道将它们更加紧密地联系在一起，形成沿湖慢生活的活力带和生活圈。项目不仅保留了北侧沿湖的原有漫步道并将漫步道延续至屋顶，通过立体的漫步道给市民一种不一样的观湖体验。在空间形态上，运动中心与周边建筑构成一种张弛有度的均衡态。展览馆和会址给城市带来严谨的氛围，而运动中心和德清银泰城则以一种自由的姿态遥相呼应,营造出轻松的运动生活氛围。城市的脉络随着建筑的生长得以延续，而建筑的空间则变成了城市空间的有序组合[1]。建成后的运动中心是市民运动健身的场所，也是诸多日常生活体验和交流发声的平台[2]。

1 吴震陵，李宁，章嘉琛. 原创性与可读性 —— 福建顺昌县博物馆设计回顾 [J]. 华中建筑 ,2020(5):37-39.
2 董丹申，李宁. 在秩序与诗意之间 —— 建筑师与业主合作共创城市山水环境 [J]. 建筑学报 ,2001(8):55-58.

图 5.6 德清地理信息小镇运动中心屋顶公园透视

3. 融合山水

德清是一个山水秀美、有着深厚底蕴的历史地域文化城市。项目对地块本身特性、城市文化进行了最大限度的尊重和考虑，摒弃了刻意的形态，取而代之的是简洁舒展的形体和相对模糊的边界。项目将大地和自然山水作为出发点，在精神上追求人、自然、运动的和谐统一，与城市的山水历史建立一种文化传承关系。起伏的天际线呼应了德清莫干山

的地域文化，仿佛一座栖息在凤栖湖边的绵延山峦。在屋顶立体公园的设计中，植入了各种地貌特征的缩影，将整个屋顶打造成地信小镇的"地理认知活地图"。

结合实际功能，建筑在满足使用需求和功能流线的前提下，在建筑内部引入了多个庭院，每个庭院通过竖向交通连接地面与屋顶，让市民在不知不觉中到达屋顶立体公园，

图 5.7 德清地理信息小镇运动中心夜景鸟瞰

使得空间生动且耐人寻味[1]。建筑空间在虚与实、内与外的对比中产生的变化，随着时间的推移，渐渐让人感受到其内在独特的魅力[2]。

对市民开放的公共建筑，其造型和使用功能固然重要，

更为重要的是建成后能为城市和市民提供怎样的室内外空间。屋顶立体公园、沿湖观景平台和城市阳台的打造让建筑有了更多不同的使用场景，为市民提供了一个运动、休闲、娱乐、文化的活动空间，营造了一个多元化的山水城市节点。

4. 立体公园

建筑的空间形态是建筑和城市的重要互动界面，人们更加习惯于通过建筑的形态来辨别建筑空间[3]。项目将建筑占据的城市基地，以一种更加有趣、更加绿色的立体公园的方式来回归城市，吸引大量市民来此运动、散步、休憩、露营、观景，举办各种自发的休闲娱乐活动。项目希望通过界面消隐的方式，将建筑与城市空间相融合，把建筑打造成为市民公园，也为市民留下了"亚运遗产"，变成了象征小镇运动精神的永久性地标。

在整个屋顶城市空间中植入大规模的绿色成为运动中心设计的亮点。它不单单是一个匍匐在地面上的公共建筑，更是一个立体的多维绿化公园。起伏的天际线如山如丘，依水而立，大悬挑的屋檐如漂在水面之上的瞭望台。在这方立体公园之上，在密集的城市中植入大面积的绿色。东西两侧和石阶踏步交错的绿坡，层叠跌落的屋顶花园，沿着屋面起伏的种植绿地，还有可直通屋面的内庭院，近乎全面积覆盖的绿色空间。以德清乡土树种为主，立体配置乔、灌、藤、花、草，整个设计的绿化呈现出丰富多维的姿态，符合德清山水城市的定位。

建筑被绿植所覆盖，成为景观的一种样态。草坡、绿植、

1　黄莺，万敏. 当代城市建筑形式的审美评价 —— "象征与隐喻" 在建筑创作中的运用 [J]. 华中建筑 ,2006(6):44-47.

2　彭荣斌，方华，胡慧峰. 多元与包容 —— 金华市科技文化中心设计分析 [J]. 华中建筑 ,2017(6):51-55.

3　鲁丹，程啸. 微空间与微空间 —— 中国电子科技集团第三十八研究所科技展示中心创作札记 [J]. 建筑学报 ,2018(03):70-71.

图 5.8 德清地理信息小镇运动中心屋顶漫步道

图 5.9 德清地理信息小镇运动中心沿街透视 2

漫步道，这些使得整个屋面像是城市公园的一种延续，用开放、亲和的态度邀请市民走上屋面，甚至都不会感觉到这是一座体育馆。自由、轻松、开放的场所体验如同地信小镇氛围的缩影，使所有来到这里的使用者都能够获得一种归属感与愉悦感。项目在城市中心营造出一座形似山丘的大地景观。

此项目在现实条件的约束下，达到建筑效果与建造手法的平衡 [1]，建筑从来不是独立存在的，而是不断地在以一种动态的方式和周边事物产生交互。设计通过适宜的手法去实现建筑与环境的最佳融合效果，屋顶立体公园、沿湖观景平台和城市阳台的打造为城市空间带来了新的活力，同时也将建筑融入市民的生活中。

1　李宁. 平衡建筑 [J]. 华中建筑 ,2018(1):16.

图 5.10 德清地理信息小镇运动中心城市阳台

5. 灵活转译

项目从设计之初就充分考虑了赛时和赛后的功能转换，内部空间灵活，具有可调节性。赛时根据赛事要求在建筑预留的大空间内灵活布置了参赛运动员、教练员、技术官员等各类赛事参与人员的工作区、休息区。通过可重复利用的隔断将空间进行划分，并合理组织各类人员的流线，满足赛时功能的需求。

赛后建筑延续亚运会三人制篮球的主题，以青少年篮球运动为核心，可发展多元体育项目，配套设置体育用品超市、体育培训机构等。屋顶立体公园的健身器械、跑道等也都为全民健身的生活方式提供了支撑。项目是以体育运动为主要元素，集休闲娱乐、主题文化等于一体的综合体，既可以满足市民对体育设施的高标准要求，又能够适应娱乐休闲等其他需求，逐步实现将运动融入生活的健康理念。从清晨

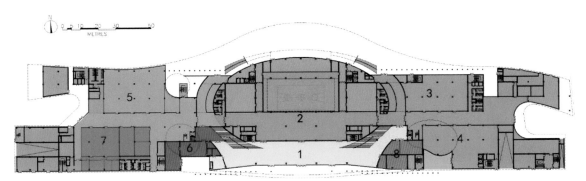

1 观众入口门厅　　　5 媒体办公区
2 运动员热身场地　　6 贵宾室
3 运动员休息更衣　　7 电视转播综合区
4 运动员配套服务　　8 安保中心

图 5.11 德清地理信息小镇运动中心一层分区（赛时）

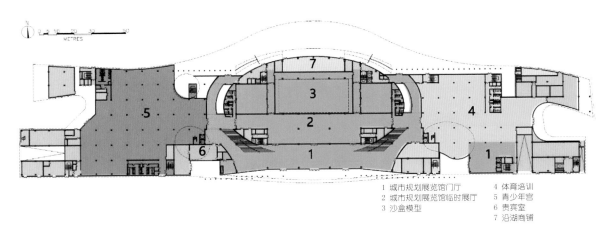

1 城市规划展览馆门厅　　4 体育培训
2 城市规划展览馆临时展厅　5 青少年宫
3 沙盘模型　　　　　　　6 贵宾室
　　　　　　　　　　　　7 沿湖商铺

图 5.12 德清地理信息小镇运动中心二层分区（赛后）

到日暮，从市民到游客，从专业到业余，在运动中心都能得到健康生活的满足。在建成后的使用中得到了德清市民的喜爱，真正地把健康生活的概念融入生活中。赛后布置的德清城市规划馆，将成为展示德清的历史、发展和规划的重要窗口。

6. 结语

建筑设计关注的不仅仅是建筑功能和空间，更要关注其所处的城市空间和区域环境，从某种意义上来讲，建筑所表达和记录的是城市的发展和历程。对于建筑师，不仅要考虑建筑的使用功能、空间形式、外部造型等，更要注重建筑所承载的城市脉络和精神特征的表达。

通过"对话城市、融合山水"的设计策略，以及"立体公园、灵活转译"的设计手法，使得德清地理信息小镇运动中心成为一座开放包容、融合山水的建筑，是对地理信息小镇发展的一种传承与应对，未来也将变成德清城市空间和市民生活中的重要节点。根据城市脉络和精神特征，通过适宜的建筑形式和空间尺度，表达建筑内在的场所精神和文脉传承，使之真正融入城市环境和市民生活。

第　　六　　章

因地制宜　建构之美

图 6.1 临安市体育文化会展中心人视角实景

因地制宜 建构之美

·临安市体育文化会展中心

平衡建筑观是我院（浙江大学建筑设计研究院）创作实践的总体学术框架，其思想基础源自于"知行合一"的东方哲学智慧，倡导在具体的创作中践行平衡中和的建筑之道。平衡建筑观，倡导情感与理性相统一的"情理合一"；追求艺术与技术相融合的"技艺合一"；着重形态与品质相匹配的"形质合一"。这就是在"道、法、器"三个层面上的知行合一。临安市体育文化会展中心（以下简称文体中心），正是在这样的创作导向下形成的设计作品。

1. 项目概况

临安市体育文化会展中心，位于临安城西南的锦南新城。用地范围西至珑五路，北至玲三路，南至玲五路，东至珑六路，占地面积约 10.73 hm²。体育文化会展中心由临安市体育馆、游泳馆、综合训练馆、体育场、体育学校及相关附属设施组成，建成后作为杭州第 19 届亚运会摔跤和跆拳道项目的比赛场馆，赛后既可承办临安市的各项重大体育赛事、会议、展会活动，也是全民健身的最佳场所，集休闲、娱乐、商业活动等多种功能于一身。

图 6.2 临安市体育文化会展中心鸟瞰 1

2. 设计缘起

以北京奥运会为契机，我国近年来大力发展体育产业，对于群众体育设施的投入力度也越来越大，大量具备实力的中小城市开始兴建起自己的体育中心。然而，与如火如荼的建设热潮形成鲜明对比的是，由于相邻地域的重复建设，以及缺少足够的赛事支持，大量新建的体育场馆普遍面临空置率高、利用率低、管理水平低下、维护成本高昂等问题，不仅无法实现自给自足或盈利，反而成为地方财政的巨大负担。

事实上，针对体育场馆的赛后利用这一个世界性的难题，目前国际上普遍达成的共识是通过强调场馆功能的多样性与环境的可持续性，来实现非赛时的相应功能置换。国际著名体育建筑专家，曾参与 2000 年、2004 年、2008 年、2012 年奥林匹克体育场馆设计的保罗·亨利先生就指出："世界最新的第五代体育建筑应具有：城市中心区位特征、采用高技术、经营上可持续、场馆营运的多功能化、环境的可持续性、社区互动等六大特点。"

正是在这样的国内外背景和趋势下，临安市拟建新的体育文化会展中心，要求在能够满足专业赛事的前提下实现以馆养馆，带动城市发展，提供环境良好的市民活动场所，使之成为集体育赛事、全民健身、休闲娱乐和体育产业开发为一体的体育文化会展中心。

3. 设计构思

体育文化会展中心选址在一片南北两侧均有山体的地块内，北侧的山坡隔路而望，高约80m，南侧的山体体量更大，与远山连绵在一起。场地内部较为不平，高高低低的缓坡土丘，总体形成了南高北低的态势。站在场地内举目环顾，能够明显地感受到山体间连续的气势。在这样的一片山水环境中，建筑与场地的依存关系，应该是设计的重中之重。

作为锦南新城启动的第一个大型公共建筑，该项目与纯粹的体育场馆不同，其更多是作为一个具有城市开发性质的土地运作项目，需要能够更有力地提升土地价值，不仅要在有赛事活动时，更要在非赛时保持足够的吸引力。体育文化会展中心应该不仅是一组体育场馆，其更是一个有机的城市综合体。在功能上平衡体育活动和商业经营需求，既满足各类比赛的实际需求，同时又有各种业态的经营场所。在品相上平衡两者不同的建筑气质，既要有体育建筑的简洁明快，也要有商业建筑的丰富多彩。在场所感上平衡自然与人工的共生关系，延续场地原有山水气韵的同时还要体现出锦南新城的时代风貌。

定位虽然明确了，设计却还有一系列的难题。首先，场地十分局促，在 10.7hm² 用地内，要容纳体育馆、游泳馆、体育场、训练馆、体育学校和室外运动场等多个规定功能，还要有足够规模的商业面积。其次，如此多的体育场馆均有其自身明确的流线要求，商业本身对于流线的组织也十分讲究，两者的糅合对设计而言无疑是一个极大的挑战。此外，南高北低的缓坡地貌更是一个不容忽视的特征，简单粗暴地把场地夷为平地显然不是应有的设计取向。破题的关键还是回归到场地本身。既然用地如此局促，显然各场馆分散布置不适合这个项目，只有采用层叠整合的做法才能尽量紧凑地安排这些场馆。考虑到场地南北 12m、东西 5m 的高差，设计将地块分成了三个各差 5m 的台地，这样做的好处显而易见：顺应地势的场地平整能够最大限度地减少土方工程量；5m 高差的台地也使得设计可以将下层建筑的屋面与上一层的室外场地无缝平接，每一层的屋顶平台都能够从周边道路上平层进入。这样一来，就创造出多个标高的场地入口，体育场馆和商业综合体内的种种流线均可通过不同的标高来分流组织，避免无序交叉。虽说采用整合一体的做法，但各个场馆本身还是应该有独立的出入口和顺畅的交通体系。所以项目又通过引入内部道路，划分功能地块，来控制场地内的布局组织。整个场地被分为五大功能地块，每个功能地块内建设相应的内容，再将其屋面与上一层的室外地坪无缝衔接，通过平台、过街楼和连廊等做法将各个场馆联系为一个整体。

　　设计中的功能性难题有了解决方案后，接踵而来的是对于形象的考虑。在场地如此局促的前提下，每个场馆均突显自身形象的做法只会导致没有重点、各自为政。所以在设计时始终强调应该只突出一个主体，将其余的建筑体量消隐起来。当然这对于成本控制也是一个相对平衡的做法，可以确保将有限的资金投入到最需要形象展示的重点场馆建设中去。一般而言，常规的体育中心总是大众体育场在唱主角，但在这个项目中体育场规模仅有 2000 座，无法对其余场馆形成控制性的体量，而 5000 座的体育馆又必然是一个醒目的存在，因此重点凸显体育馆显然是一个合理的选择。体育馆的设计理念以"点燃激情、引领希望"的城市之光为意向，通过弧形的渐变穿孔板包裹住上部主体，营造出半透明轻盈的视觉效果，将其打造为醒目的城市地标。为降低造价及工程难度，整体双曲面的金属幕墙均由单曲面的穿孔板拼接而成，其穿孔率考虑到弯曲时的孔洞变形问题，经过反复的现场试样比较，最终确定了从 7cm 到 3cm 的逐渐过渡。体育馆确定后，余下的场馆又该如何消隐，答案同样来自于场地环境。山水是临安的城市名片，体育文化会展中心又坐落在如此一片山林起伏的环境中，很显然，回应这片场地最好

图 6.3 临安市体育文化会展中心远景

的做法就是以大格局的山水环境为出发点，将建筑打造为一条绿脉，把南北两侧的自然山体紧密相连。由此，游泳训练馆设计成了如同等高线层层升起的地景建筑，每一层平台均为覆土绿化，平台上广栽大树，林荫下则布置各类休闲健身场地，整组建筑远远望去如同延绵的山林，勾勒出层层晕染的山水意趣，也契合临安山水城市的人文底蕴。体育场则与之呼应，设计成了下凹的谷地，层层相退的等高线正好构成了其周边天然的露天看台。商业空间则作为这些场馆相互之间的填充体和粘结剂。项目中既安排有大空间的主力业态，

也有沿周边及内街部分设置的连续休闲商业带。由于沿街不同的标高均可平层进入场地，事实上形成了虽然处于不同的楼层，但所有沿街商业均为首层商铺的使用效果。整体的商业动线以开敞的露天广场为节点，串联起了几大场馆及各个主力业态，也有力地把体育文化会展中心整合为一栋独特的城市综合体。

　　本项目在造价方面根据现有地貌竖向设计，大大减少了场地平整、土方挖掘的工作量，节省了工程造价。同时通过将游泳馆和训练馆设计成较为平实的地景建筑，减少其在外装饰上的资金投入，将有限资金充分投入到体育会展馆的建设中，实现总体造价的经济合理。最终概算仅为5.8亿元，远低于同类型的体育中心。而在商业综合体方面，项目结合游泳训练综合馆的台地造型，在公共平台下设计了大面积的配套商业空间。这些商业空间内设计有开放的天井空间，便捷的上下交通流线及流畅舒适的公共通道，同时沿道路两侧与内街部分布置有线性商业带，从而在满足了体育场馆基本功能的前提下创造了一个集市民健身、休闲、购物、餐饮、娱乐于一体的城市综合体。

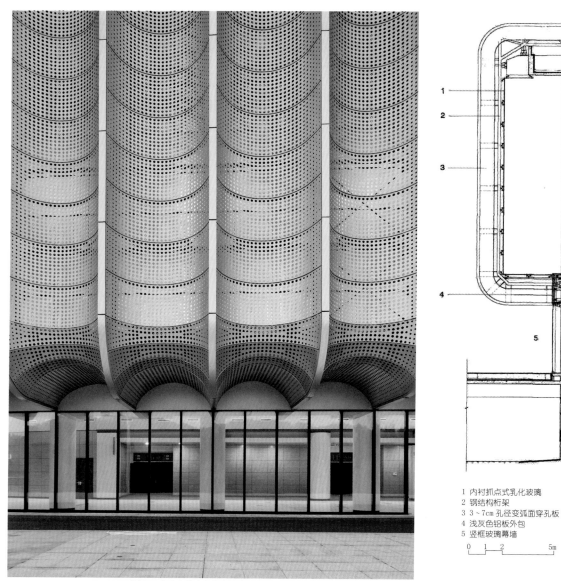

图 6.4 临安市体育文化会展中心立面细节

1 内衬抓点式乳化玻璃
2 钢结构桁架
3 3～7cm 孔径变弧面穿孔板
4 浅灰色铝板外包
5 竖框玻璃幕墙

0 1 2 5m

图 6.5 临安市体育文化会展中心墙身节点详图

0 5 10 20m

图 6.6 临安市体育文化会展中心剖面

图 6.7 临安市体育文化会展中心室内场景

图 6.8 临安市体育文化会展中心人视角

4. 亚运改造

临安市体育文化会展中心作为杭州第 19 届亚运会的摔跤和跆拳道比赛的竞赛场地，根据杭州亚组委针对赛会的标准及要求对其进行了改造。在满足亚运会使用需求的前提下，项目将赛后场馆的日常运行状态也考虑在内，努力做到赛后场馆向社会开放，外部空间向城市公共空间开放。

基于以上的改造设计理念，项目确定了"绿色、智能、节俭、文明"的设计目标。在总体规划布局上，项目决定维持原有规划结构，主体育馆仍处于场地的核心地位，基地北侧设集散广场形成舒展的空间格局，训练馆仍采用地景建筑的形式融入场地起伏地势之中，契合整体建筑语言。

整体改造分为三个部分：改造主体育馆、新建训练热身馆、重新规划室外景观交通。对于主体育馆，项目重新组织其功能分区以满足亚运会的组织要求，对设备、电气、空调、地面、座椅等设施进行了改造升级，同时更换原有幕墙立面以提高场馆对外展示的形象。在主场馆旁拟建新的训练

图 6.9 临安市体育文化会展中心鸟瞰 2

图 6.10 临安市体育文化会展中心室内效果

热身馆，设计延续主场馆的思想理念，强调线条元素，打造轻松活跃的体育空间，同样以逐层退台的形式融入整体风格之中，延续原有场馆的山水意蕴。沿街组织台阶坡道将游客引入上层平台，在引导人流的同时也衬托出体育馆的主体地位。由于亚运会对场地的分区和动线提出了新的要求，考虑到赛时及赛后不同使用模式的需求，项目对场地室外景观重新进行规划分区。赛时的交通组织利用地形高差形成立体分层的交通结构，实现内外流线和人车的分流。步行人群通过集散公共广场引至三个不同标高的平台，观众从2层平台进入观众厅，其余人流则从平台下的快速通道进入各自的不同分区。赛时的停车采取就近、单行的原则，在场地南侧设置停车场以满足赛时使用。

临安市体育文化会展中心距离临安主城区约4km，距离杭州主城区约45km，赛时的交通可分为地铁出行与机动车出行。地铁出行的人群自地铁站步行进入场地，人行的出入口位于场地西侧集散广场，人们可自此向上到达各个标高的室外平台，进而进入室内。机动车出行可分为三类车辆：对于赛会相关人员的持证车辆通过西侧南北两个车检区进入后区；普通载有观众的大巴车在前区港湾式停靠点落客，而后进入北侧停放站停车；私家车在场地外部的停车场停放，之后观众通过接驳车接送至港湾式停靠点落客。整体采取人车分流，在场地内部车行流线主要分布于后区，而人行流线，包括在前区落客的观众流线则主要分布于前区。

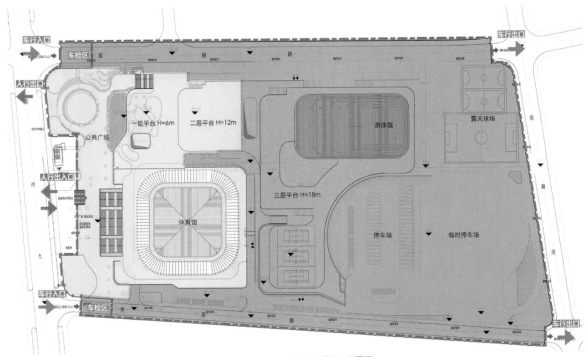

图 6.11 临安市体育文化会展中心总平面

在场馆内部，采用分区运行模式，整体分为观众活动区、比赛场地区、体育竞赛区、电视转播区、新闻运行区、场馆礼宾区、场馆运行区、仪式及文化活动区、安保及交通运行区等不同分区。同时根据不同人群对不同分区的使用，对运动员、媒体、贵宾、技术官员、运行人员、普通观众、无障碍人群、物流、安保等各类人群进行了流线的梳理与规划。

改造并非只针对亚运会而展开，项目同样对赛后全时段运营进行了深入的思考。现代体育建筑的复合型空间配置，使得对其时间和空间的利用率达到最大化，突破了传统的单一空间类型的体育中心，充分考虑了后期运营和长远效益，为体育中心的全时段使用和高效运营提供了保证。项目充分

考虑场馆在赛时和赛后的不同使用模式，使得场馆在满足比赛热身需要的基础上，在平时能够满足居民日常锻炼、娱乐等要求。场馆平时可举办各种文艺演出活动，也可分割为篮球场、排球场、羽毛球场、乒乓球场等运动场地。

经过改造，临安市体育文化会展中心实现了面向亚运，同时展望未来的规划目标，既满足亚运会摔跤及跆拳道相关比赛的标准和要求，又能做到在赛后回归市民，实现全民共享的体育综合体构建。在项目设计过程中，改造及新建部分均顺应项目原有肌理及理念，将"山水气韵"贯穿于项目始终，做到在地化建筑与场地的融合以及新建建筑与原有建筑的贯通。

5. 结语

临安市体育文化会展中心是秉承和贯彻"平衡建筑"设计理念创作的作品,同时又印证了"民本、在地、共生"的实践价值。设计团队从场地的实际出发,从业主的需求出发,从市民的生活出发,最终呈现出的体育文化会展中心,亦回到了山水之中,回到了城市之中,回到了人民之中。

临安市体育文化会展中心本身的建设用地相对于其所承载的大量内容而言,应该说是相当局促的,同时基地内部还存在较大高差的情况,而正是由于引入了"城市综合体"的概念,以不同台地的地景模式,"在地"地切入:在流线上通过立体分层的方式,有效地提高了土地的利用效率,将地面广场空间完整地开放给市民;在布局上将场地划分为五大功能区块,各功能区间通过内街相互分开,同时在空中架起天桥连接,使得整组建筑在形态上浑然一体;在形态上将游泳馆和训练馆创造成一组连绵起伏的地景建筑,与周边山体相呼应,烘托出主体育馆的主体形象。而最终完成的建筑,可以以一种相对集约利用土地的方式,将各个不同类型的功能整合在一起,加大了单位土地的开发强度,从而达到土地利用效率的提高。反过来,高强度的土地开发必将带来一个新的城市热点区域,从而推动周边地块的持续开发,进入良性的循环过程。

同时,临安市体育文化会展中心由开发、设计至后续的亚运改造,在某种意义上来说,可以成为大量同类型中小城市体育建筑设计定位的参照:在无法获得足够赛事支持的情况下,如何使得新建的体育中心具有可持续发展的活力,如何充分利用体育建筑这一特殊建筑类型所具有的公众号召力,吸引市民,提升区域活力,带动商业活动的发展,同时反过来以商业行为促进体育场馆的使用维护,最终达到以馆养馆的可持续运营。

回顾临安市体育文化会展中心创作的过程,平衡建筑的理念既贯穿于愿景定位这些"知"的层面,也体现在操作实践这些"行"的层面。而建筑师则是"知行合一"的践行者,不断地追寻着情感与理性、技术与艺术、形态与品质之间微妙的平衡。山水脉脉间,隐约着一段情理相生的建筑故事。

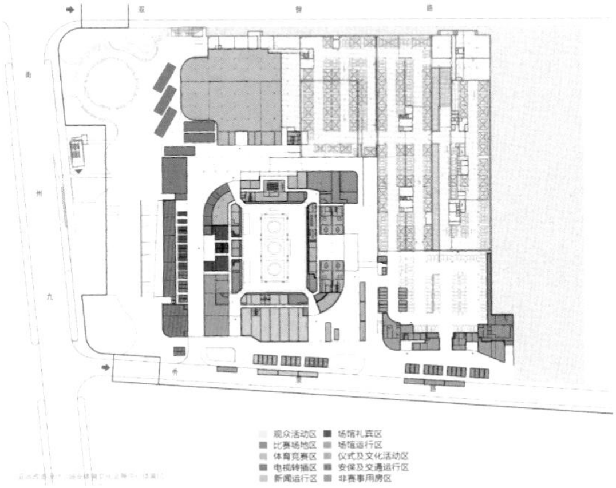

图 6.12 临安市体育文化会展中心功能分区

·金华市体育中心

任何复杂的结构都由简单的单元构成，在复杂层面上的差异，到了简单层面往往就能得到统一。所以，在金华市体育中心设计过程中，"将复杂的结构简单化"是整合所有技术逻辑和文脉意境关系的核心平衡法则。

金华市体育中心选址于金华市南部的湖海塘新城区块，基地南侧为城市发展备用地，东侧为规划住宅区，北侧为城市公共用地，西侧紧邻规划中的湖海公园。工程总用地 261051m²，总建筑面积 98183m²，包括一个 30130 座体育场、一个 5987 座体育馆、一个 1616 座游泳馆、一个 400m 的室外田径训练场、几个室外球场等活动场地。项目最初的设计标准为省运会和全国单项比赛主会场，总投资约 6 亿元人民币。

2023 年，体育场和体育馆分别作为杭州第 19 届亚运会足球项目和藤球项目的比赛场馆投入使用，并在此产生了 6 块金牌。

1. 定位与理念

金华市体育中心的基地位于城市边缘，是激发新区城市活力、拉动区域发展的重要城市公共空间节点。通过与湖海塘公园的功能整合，能够形成新型的城市公共空间热点，为周边居民的生活带来便利，也为城市打开了一个崭新的展示城市风采的窗口。

项目定位于为市民提供全方位的体育服务，实现更健康的生活。全方位体育服务概念是在更高层次实现体育和休闲化健身的双重目的，实现跑步、球类、漫步、自行车、游泳等运动休闲的多项功能，而竞技体育只是其开端。"全方位体育服务"概念旨在运用体育中心内的所有设施和资源提高全民的健康水平和体育服务功能。

金华古称婺州，地处浙中腹地。婺文化是在浙江中西部金衢盆地这一特定的地域中，经过 2000 多年孕育而形成的一种文化模式，其核心思想是"经世致用、兼容并蓄、多

图 6.13 金华市体育中心鸟瞰 1

元并存、内敛稳重"。通过对婺州文化的挖掘，结合该项目"体育建筑"的功能属性，设计提炼了"跃"作为金华市体育中心整体设计的意象主题，并将"跃"的理念贯穿至空间布局和建筑形态的设计之中。

（1）"跃动"——地域特色的展现

戏剧脸谱以抽象的曲线传承演绎着当地文化的内涵和深度，而广泛流传于民间的舞龙灯则以跳跃的身影现实地诉说着传统习俗文化的广度和真实性。戏剧脸谱的凝固曲线和龙灯跃动的身姿以其一静一动给予建筑创作无限的想象空间。

三个场馆设计以"跃动"的金属屋面塑造出整体轮廓，深灰色屋面和大尺度檐拱，简练而有力量感，交相呼应，和

图 6.14 金华市体育中心远景

图 6.15 金华市体育中心人视角 1

谐共存。从湖海塘远远望去，在蔚蓝色天空和荡漾水面的映衬下，仿佛几道弧线跳跃穿梭，给人以力量和灵动之美，表达了"经世致用、兼容并蓄、多元并存、内敛稳重"的整文化特征。

（2）"腾跃"——体育精神的体现

"V"形柱是贯穿三个场馆建筑构成的重要细节元素。其自身充满韵律和动感的同时，混凝土现浇质感又体现出构件自身的厚重和扎实。场馆拱形屋面的轻盈，由"V"形柱的扎实来支撑，一刚一柔、一轻一重、一拙一巧形成强烈对比，寓意着体育建筑刚柔并济、动静平衡的精神气质需求，富有动感的"V"形柱与纯净的拱形屋面相互映衬、相得益彰，这种手法贯穿于三场馆的形体塑造中，促成了建筑构建逻辑层面的统一性和一贯性。在纯粹简朴的外表下解决更多的矛盾，在看似复杂的群体组合下寻求更深层面、更符合结构和技术逻辑的理性思考。这些思考和实践的所有目的都是围绕着如何更大尺度、更显性直观地表达出体育建筑力与美的意境主题。

2. 整体布局

项目位于金华市南二环路以北，北面是风景秀美的湖海塘公园，水势顺东南而下，形成明确而又灵动的场地空间轴线。作为城市南入口的标志性建筑，体育中心也承载着展现新城形象的重任。由于有限的场馆规模与资金投入，从单体自身的尺度去考虑各自的形态塑造无法形成大气的格局，以强调"整体性"和"显性"为特征的主旋律更符合大型公共建筑群的宏大气势，因此设计将两馆一场作为整体进行构思，使之与城市的尺度更为契合，更有利于快速干道上的人们形成对体育中心形象的感知，也符合"将复杂的结构简单化"的核心平衡法则。

整体规划两条空间主轴和一条环形次轴，将建筑与场地组织在一起：由主体育场发散出的纵横两条空间主轴构成体育中心外部空间的主框架，也是体育场人流的主要疏散面；

图 6.16 金华市体育中心人视角 2

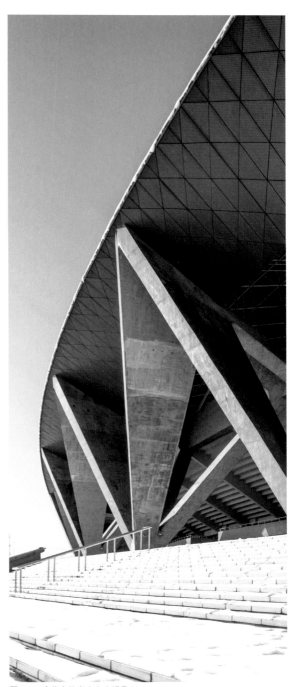

图 6.17 金华市体育中心人视角 3

因地制宜 建构之美

图 6.18 金华市体育中心鸟瞰 2

97

安

公

路

环

二

图 6.19 金华市体育中心总平面

环形次轴是三栋建筑之间空间联系的纽带，同时也是向市民开放的运动健身广场，提供多种形式的市民健身活动。主体育场区位于场地南部，周边配合主题广场和绿地，形成整个区域的空间高潮；体育馆和游泳馆并置于场地北侧两翼，对外联系便捷，并配备有相应的专业商店、移动售货点，可用于举办各种活动，便于平时对外开放；场地西侧设置室外训练场、球场和大型停车场等必要的配套设施；面向城市主干道的东侧设置面向城市的、开放的下沉式休闲广场，结合绿地和水面营造主入口形象。

顺着由湖海塘水系形成的场地空间主脉络，三场馆依次排开，形成体量由小到大、由低到高的空间序列：游泳馆形态纯粹，一圈完整的"V"形柱托起圆形屋顶，作为形体演变的原型，启示人们空间序幕的拉启；体育馆形态由游泳馆的原型演变而来，形成两个似分似合的体量，如同含苞待放的花蕾，追求形式的变化和空间的趣味；体育场由完全对称的拱形屋面组成，如同盛放的花朵，迥异于游泳馆的完整形态，达到了空间发展的高潮。

景观设计的核心理念是塑造一个绿意盎然的公园环境，与周边的湖海塘公园气韵贯通、相得益彰。绿色是体育中心的基调，绿化贯穿整个场地，由南向北营造了草坪、林荫道、花坛等不同形态的绿色软质景观，为建筑和人的活动营造了赏心悦目的自然背景。环形运动广场穿梭于绿意中，并向西侧的湖海塘公园延伸，成为覆盖整个湖海塘步行系统的一部分，可容纳篮球、慢跑、自行车、溜冰等多种休闲健身活动。景观绿化、广场、光柱和体育雕塑与建筑单体有机结合，可为市民提供舒适自然的健身、休闲环境。

3. 建筑单体

体育场按中型场规模设计，建筑规模为 30130 座，内场尺寸为 140m×200m，设置 400m 标准跑道和足球、田径场地。体育场地面一层西侧设置运动员区、贵宾区、裁判员区、记者区、竞赛管理用房等功能区域；二层平台是观众的集散、休息区；顶棚为两片弧形的钢网壳结构，南北侧直接落地，东西侧由"V"字形混凝土支柱支撑。主体覆盖为铝锰镁金属板，下部看台与支柱面层采用浅灰色真石漆涂料和清水混凝土饰面相结合，大平台地面采用浅黄色毛面花岗岩。

体育馆由比赛馆和练习馆两部分组成。比赛馆内设固定座位 4549 个，活动座位 1438 个。一层分别设置比赛馆和练习馆两个独立门厅。练习馆底层设健身房、休闲吧、更衣淋浴等用房，平时可作为乒乓球馆、台球馆等独立对外开放。比赛馆中心比赛场地尺寸为 70m×40m，可用于篮球、排球及手球等多项比赛，底层设置运动员区、贵宾区、裁判员区、记者区、竞赛管理用房等功能区域；比赛馆二层是观众活动区，观众可由室外大台阶直接到达二层观众入口大厅，再进入座席区。练习馆与比赛馆之间通过室内大平台联结为一个整体。

游泳馆包括一个 50m×25m 比赛池、一个 50m×20m 训练池和一个戏水池。其中比赛池设固定座位 803 个、活动座位 813 个；训练池视线开阔，采光良好，可作为少儿游泳、教学、娱乐场地；游泳馆底层设置运动员区、贵宾区、裁判员区、记者区、竞赛管理用房等功能区域。运动员区和日常运营区各设有两组单独的更衣淋浴用房。游泳馆二层平面主要包括泳池区、看台区、运动员区和裁判员区等。

图 6.20 金华市体育中心人视角 4

图 6.21 金华市体育中心内场 1

从设计到施工直至竣工的全过程，借助计算机辅助三维设计，有效地控制空间曲面形态和进行施工现场指导。体育场罩棚为曲面空间结构体系，采用桁架拱与网壳结合的结构形式，水平投影为月牙形，长度 263m，最大悬挑 44.5m，结构最高点 42.4m。通过整体坐标系，建立各个相对独立的局部坐标系，从构件加工到安装就位逐级控制。同时，利用现代风工程理论，通过风洞试验模拟，前端大拱采用管桁架，通过管桁架节点外加套管，大大减少用钢量。

"现代体育建筑的复合化是以提高场馆设施的效率为宗旨"，所以设计中对提高场馆利用率方面进行了多项考虑，

图 6.22 金华市体育中心内场 2

图 6.23 金华市体育中心细节

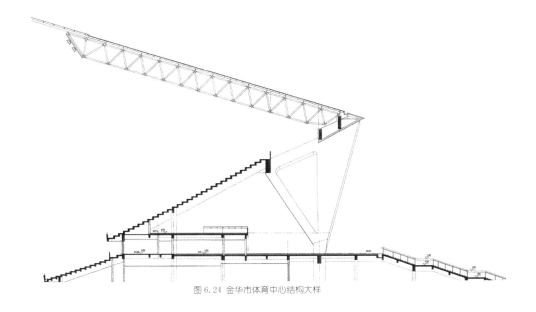

图 6.24 金华市体育中心结构大样

满足比赛热身的需要之外尽量满足市民日常锻炼、娱乐等使用要求。游泳馆除了游泳馆本身对外开放外，二层的观众门厅和局部三层的休息厅、竞赛用房平时可改造为健身中心、跆拳道、瑜伽、咖啡厅及其包厢等用房。体育馆设计中对提高场馆利用率方面进行了多项考虑。主比赛场地充分考虑了多种比赛的要求，可适应篮球、排球、手球等各类球类和体操武术比赛，平时也可作为训练场地使用。由于内场尺寸（70m×40m）较大，平时可布置较多的活动场地（至少可布置3片篮球场，或4片排球场，或18片乒乓球场，或8片羽毛球场），并有足够的缓冲空间。而根据实际使用的需要，在保证运动场地尺寸不变的前提下，适当缩减缓冲空间的尺寸，还可增加活动场地的数量。体育馆比赛场地采用活动木地板：常态下为环氧树脂自流平面层（现在的正负0.000标高），在有比赛的情况下按照场地的面积需要临时铺设活动木地板。这样非常有利于赛后利用为展厅和舞台设施。在有演出任务时，由于内场进深（70m）较大，根据不同性质的演出要求，在内场一端收起活动座位，布置舞台，另一端布置临时座位；也可在内场中间布置舞台，两侧布置临时座位。

练习馆练习场地尺寸为46m×32.4m（轴线），可纵向布置1片手球场，横向布置2片篮球场或多片羽毛球场。考虑到平时使用的频繁性，地面采用固定运动木地板。练习馆在主馆关闭时可独立开放使用。比赛馆和练习馆之间的运动员休息厅以及检录厅平时均可作为群众健身用房（如作为乒乓球场地）。

4. 结语

平衡建筑的思考，就是针对一个建筑系统的形成和发展来展开，探索建筑和初始基地所形成的特定建筑系统是如何由无序走向有序、由旧有序走向新有序、由低级有序走向高级有序，这也是金华市体育中心从设计到竣工所寻找的平衡点。

金华市体育中心的设计师挖掘当地文化特征，从中提炼建筑主题素材，并据此梳理围绕城市体育建筑的诸多关系、确立反映体育精神的建筑主旋律，将建筑群作为一个整体地标融入城市脉络，将"跃"的概念作为贯穿于建筑形态的塑造和景观设计的主要元素，勾勒出优美的弧线和曲面，以此作为整个设计的母题，从而传递出金华"整文化"意象，并充分表达体育建筑应有的力量和精神气质。同一主旋律贯穿于建筑群总体设计的始终，各个单体又如主旋律的变奏，在矛盾中寻求平衡，在简单中蕴含丰富。同时，以市民的日常公共生活、赛时使用与赛后运营的实际需求，以及最大化一个综合性体育中心商业行为的承载力和自我造血持续力为目标优化场馆的功能和流线设计，将体育场馆的技术逻辑和文脉意境，通过科学的整合和平衡，最终实现大道归朴的设计诉求。

第　七　章

回归校园　综合运用

图 7.1 篮球热身馆日景鸟瞰

· 浙江大学紫金港校区体育馆及副馆

　　在体现第 19 届亚运会办赛理念的前提下，初步分析了亚运时代背景下的高校体育建筑的设计理念，将设计回归于亚运会"绿色、智能、节俭、文明"的办赛理念。以浙江大学紫金港校区体育馆及副馆为例，项目实践了遵循布局少改动、空间高利用、改造低成本的原则，并充分考虑到赛后运营的便捷性和可持续性。在满足亚运赛事的同时升级了体育馆的各项软硬件设施，有效提升了周边的校园环境。项目也将在赛后满足校内健身及各类文化活动的要求，为继续承办 CUBA 等国内多项赛事活动及校园对外交流提供条件。

第 19 届亚运会的办赛理念为"绿色、智能、节俭、文明"，以期办成一场具有"大国风范、江南特色、杭州韵味"的体育文化盛会。在亚运时代背景下的高校体育建筑如何承载亚运会期间比赛功能与赛后有效为校园提供服务是此类建筑设计过程中需要主要考量的问题。亚运改造场馆应具备适应需求增长和功能变化的潜力，其场地空间应满足比赛、训练的需要。浙江大学紫金港校区体育馆及副馆项目作为范本，实践了满足亚运赛事需求与赛后场馆利用、具有高校特质的建筑设计。项目在符合亚运建筑个性的同时，能够彰显高校建筑氛围，实现了与周边建筑环境的有机融合。

1. 项目概况及改造分析

本次浙江大学紫金港校区体育馆项目改造涉及主馆与副馆两部分。主馆总用地面积 53940 ㎡，总建筑面积 16234 ㎡，改造新增室内夹层 720 ㎡，副馆改造总建筑面积 15295 ㎡，其中地上面积 14079 ㎡，地下面积 1216 ㎡。为满足亚运会比赛使用需求，主馆增设 1500 ㎡安检备勤用房，赛后拆除，副馆改建成亚运篮球比赛热身馆的部分为室外游泳池附属设施，将原建筑东扩两个 6m 的柱跨，在其屋顶平台之上植入篮球热身馆空间，原半地下建筑的泳池更衣室及健身房功能予以保留，半地下东扩的空间设计成赛时办公管理用房及器材储藏室等。项目改建在保留原使用功能的同时，改造提升竞赛场地、看台等观众配套服务设施，增设或调整赛事功能用房、赛事专用系统，赛后作为浙江大学紫金港校区的校内体育运动设施永久保留。

2. 设计策略

（1）功能设计策略

体育馆馆外包含观众区、场馆运行区、竞赛管理区、运动员及随队官员区、贵宾及官员区、新闻媒体区、安全保卫区共 7 个功能区。亚运会赛时期间，各类人员拥有专用的出入口、活动区域、停车场，其中竞赛管理人员和场馆运行人员使用相同的出入口和停车场。

设计团队在满足亚运场馆建设标准的基础上，针对热身馆与主体育馆之间设置有密闭、无障碍的廊道，运动员由停车场下车后通过廊道可前往主体育馆或热身馆。

为保障主体育馆的消防环线畅通，廊道在消防环道上的一段设置为可移动式，紧急情况下可移开廊道供消防车通过。

针对副馆改造则精心安排了篮球热身场地的布局。场地的布置为运动员和教练提供了良好的训练和交流环境。此外，为了提升场馆的可持续利用性，设计中还考虑了将场地用于其他体育项目的可能性，从而最大限度地发挥了场地的灵活性和多功能性。

针对室内的篮球热身场地设置两块与比赛场地设施等同的场地，每块场地的尺寸为 15m×28m，场地边线外 2m，端线外 5m 为无障碍区。热身场地净高不小于 9m。场地性能要求同比赛场地。两块热身场地之间间距至少 4m。总场地尺寸不小于 38m×40m。热身场地与比赛场地之间的距离不宜过长，并设有专用通道，该通道不能与观众、媒体等通道交叉。设置两套运动员休息室，包括更衣室、卫生间、淋浴间、按摩床、力量训练室、公共卫生间、器材储存间、管理用房等。

赛时两块篮球热身场地布置满足亚运场馆建设要求，每块热身场地适当放大，两侧留出空间，一方面满足高等级赛事的赛前热身训练使用；另一方面提供了热身训练向公众或媒体开放的空间可能性。在两块篮球场之间插入两组运动员休息室，功能包括更衣室、卫生间、淋浴间、按摩室、力量训练室等。两组运动员休息室出入口分别对应各自的篮球热身场地，互不干扰；两块篮球热身场地也有各自的进散场流线，并且在外侧有半室外连廊作为联系，相对独立。热身结束后，通过全封闭架空连廊与篮球比赛馆相连，进入篮球比赛馆。

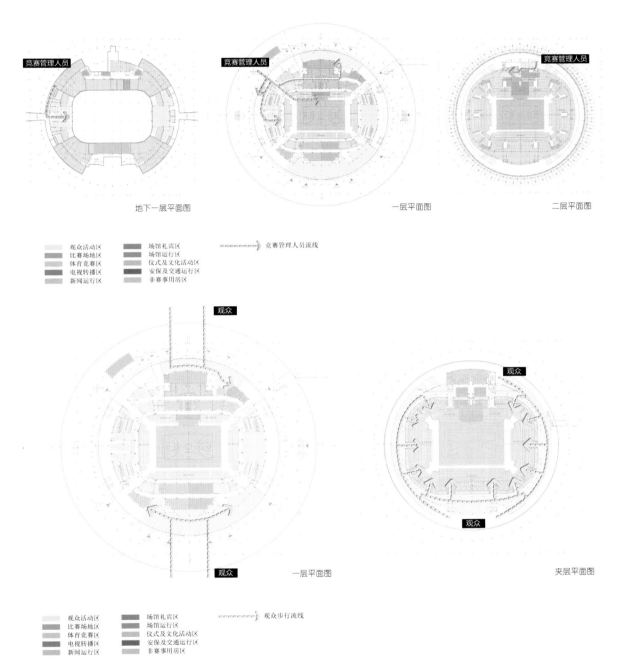

地下一层平面图　　　　　　　　　　　　一层平面图　　　二层平面图

观众活动区	场馆礼宾区
比赛场地区	场馆运行区
体育竞赛区	仪式及文化活动区
电视转播区	安保及交通运行区
新闻运行区	非赛事用房区

┈┈┈┈➤ 竞赛管理人员流线

一层平面图　　　　　　　　　　　　夹层平面图

观众活动区	场馆礼宾区
比赛场地区	场馆运行区
体育竞赛区	仪式及文化活动区
电视转播区	安保及交通运行区
新闻运行区	非赛事用房区

┈┈┈┈➤ 观众步行流线

图 7.2 观众及管理人员流线

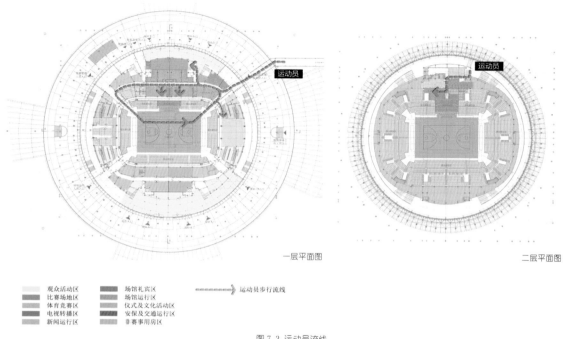

一层平面图　　　　　　　　　　　二层平面图

	观众活动区		场馆礼宾区	·····▶ 运动员步行流线
	比赛场地区		场馆运行区	
	体育竞赛区		仪式及文化活动区	
	电视转播区		安保及交通运行区	
	新闻运行区		非赛事用房区	

图 7.3 运动员流线

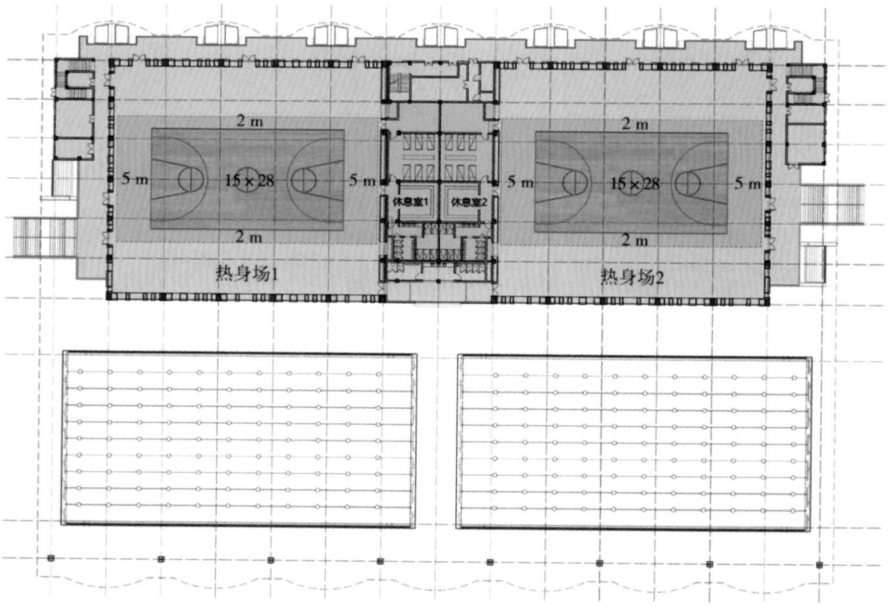

2 m　　　　　　　　　　　　　　　　2 m

5 m　15×28　5 m　　休息室1　休息室2　　5 m　15×28　5 m

2 m　　　　　　　　　　　　　　　　2 m

热身场1　　　　　　　　　　　　热身场2

图 7.4 赛时热身馆平面布置

（2）结构设计策略

项目针对原室外泳池进行改造时，着重考虑了结构的稳固性和环境的优化。通过采用先进的屋架结构设计，将原来的露天泳池转变为具有网架屋顶覆盖的结构，有效地防止了外界因素对场地的影响，提高了场馆的使用寿命和安全性。同时，通过合理设计半室外空间，不仅能够保持场地的通风性和舒适度，还为运动员和观众提供了更为舒适的观赛体验。

（3）美学设计策略

除了功能性和实用性，设计团队还注重了场馆的美学设计。在建筑外观的设计上，采用了流畅的弧形屋顶设计，与周围环境相协调，呈现出一种自然流动的美感。通过巧妙的体量错落和"V"形柱的设置，使建筑物在视觉上更具动态平衡感，与周边自然景观和现有建筑融为一体。这种设计不仅使场馆在功能上较完美地满足需求，同时也为运动员和观众带来了愉悦的视觉体验，彰显了现代体育建筑的艺术与实用相结合的特点。

图 7.5 改造后游泳池效果

1. 用地形状及现状泳池限定出建筑平面呈矩形布置

2. 因泳池及热身馆对净高要求不同，故有区别地进行体量错落

3. 结合周边建筑弧面特性，将本案赋予弧面屋顶，自然地过渡了体量高度变化

图 7.6 建筑形体生成

3. 赛后利用

在赛后利用方面，项目充分考虑了多功能性需求，在设计过程中将两块球场空间适当放大，赛时可为球队带来热身训练活动内容的多样性，也为公众和媒体开放提供了空间可能性。在球场数量和功能提供更多的赛后使用可能性。在分析了校园周边体育建筑的功能及定性后，项目在热身馆篮球功能的基础上增加排球场的使用功能，根据排球场的布置要求，需要在施工时预留球网柱的预埋孔，结合赛时篮球场的平面布置，择优做了排球场的赛后预留设计。而对于附属用房的再利用则考虑赛后将办公管理用房及器材储藏室转换为健身房、乒乓球室等。

项目的设计理念是赛后场馆要具有可持续性和实践性。因此，项目考虑了校园文化活动的需求，为举办各类文化活动提供了条件，增加了校园生活的丰富性和多样性。同时，考虑到校园环境的长远发展，项目还考虑了可再生能源的利用，如太阳能板的设置和雨水收集系统的建设，以降低能源消耗和减少环境影响。

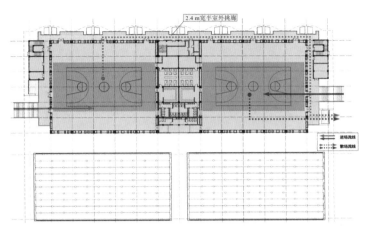

图 7.7 赛时热身馆流线设计

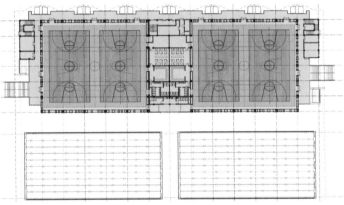

图 7.8 赛后篮球馆平面布置

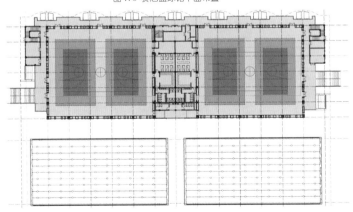

图 7.9 赛后排球场平面布置

4. 结语

　　本次改造项目成功地将浙江大学紫金港校区原有的室外游泳池和附属设施进行了有效的转型和利用。在保留原有功能的前提下，增设了篮球比赛热身场地，以满足亚运会篮球比赛的需求，并为赛后场地的多重可变性提供了考虑。通过对原泳池建筑的改造提升，不仅提高了场馆的功能性和使用效率，也为校园体育设施的发展注入了新的活力。

　　在建筑造型上，设计团队巧妙地将新建筑与原有的室外泳池相融合，形成了一个整体和谐的空间环境。这不仅体现了对环境的尊重和保护，也符合第 19 届亚运会"绿色、智能、节俭、文明"的办赛理念。此外，本项目为高校体育场馆的赛后利用提供了新的思路和范例，为未来校园体育设施的可持续发展奠定了良好的基础。

图 7.10 热身馆日景鸟瞰

· 杭州电子科技大学体育馆及副馆

以第 19 届亚运会击剑射击馆——杭州电子科技大学体育馆及副馆为例，就改造项目在设计中遇到的问题及解决办法进行分析。结合现状，在满足亚运会体育馆建设要求的前提下，遵循建筑布局少改动、建筑空间高利用、改造造价低成本的原则，充分考虑到亚运会过后场地运营的便捷和可持续性。在有限的成本下统筹赛时专业性与赛后可持续发展的可能，协调高校运动场地与专业运动需求之间的差异，为其他类似项目提供范式。

在现代，击剑运动已经成为一项备受欢迎的体育项目，其起源可以追溯到古代剑术决斗的演变。作为奥林匹克运动会的传统项目之一，击剑于 1896 年的雅典奥运会上首次成为正式比赛项目。随后，在 1974 年的德黑兰亚运会上，击剑也成为亚洲运动盛会的正式比赛项目之一。以下将以第 19 届杭州亚运会为背景，重点介绍杭州电子科技大学体育馆作为击剑比赛场地的改造与运营情况。在本次亚运会的举办理念中，节俭是一个重要的原则，即在场馆建设中要尽可能节约成本，但又确保必要的设施设备得到满足。因此，在评估场馆设施设备时，优先考虑条件较好的场馆，将现有的设施设备进行充分利用，这一理念在杭州电子科技大学体育馆的改造中得到了很好的体现。

1. 项目概况及改造分析

亚运击剑比赛馆曾是杭州电子科技大学下沙校区的篮球馆，经过历时三年的翻新和改造，成功转变为能够满足亚运击剑项目要求的专业比赛场馆。原篮球馆占地面积 1.4 万 ㎡，可容纳 6000 名观众。在改造过程中，充分考虑了击剑项目的特殊需求，将决赛馆、预赛馆和热身馆等功能整合进了场馆内。这样的改造使得场馆在比赛期间能够顺利举办亚运击剑比赛，并且满足了观众的观赛需求。

2. 设计理念

在设计理念方面，杭州电子科技大学体育馆及副馆原本作为篮球馆，曾是中国男子职业篮球联赛的主赛场，具备优秀的硬件条件。这一优势为满足亚运会击剑项目的比赛要求提供了宝贵的基础。然而，在项目预算有限的情况下，设计团队必须精打细算，注重经济节俭的原则。

设计团队在项目前期进行了多次实地调研，并与业主进行了深入地沟通，以确保选用价格合理、性能稳定的材料和设备，从而充分发挥有限投资的效益。针对击剑项目的独特需求，设计团队将决赛馆、预赛馆和热身馆三个功能区进行了整合，并合理配置了剑道数量，以确保场馆能够适应不同阶段比赛的需求。决赛馆设置了 5 条剑道，预赛馆设置了 6 条剑道，而热身馆则提供了 8 条剑道。

在灯光系统设计上，设计充分考虑到剑道在比赛中扮演的舞台角色，灯光被精准地照射在比赛剑道上，创造出适合比赛氛围的舞台效果，并避免了眩光的产生。升旗系统也得到了升级，根据各国国歌的长度，采用了自动化方式进行升降，提升了赛场升旗环节的效率和仪式感。此外，场馆内的音响系统也进行了全面升级，所有墙面都设置了吸声板，有效地减轻了音响回音和噪声干扰，提升了比赛的观赏体验。

项目在节俭办赛的原则下，保留了部分原有设施，包括 6000 多张观众席的座椅和显示大屏幕，以最大限度地降低了改建成本。这些设计举措不仅使得场馆在亚运会期间能够满足专业赛事的要求，同时也为赛后的可持续运营提供了便利条件，为杭州电子科技大学体育馆及副馆在亚运会后的长期发展奠定了坚实基础。

3. 亚运遗产应用

在考虑亚运会后的遗产应用时，设计深入思考了场馆的全时段运营问题，充分意识到现代体育建筑需要具备复合型的空间配置，以最大化地利用时间和空间资源。相较于传统的单一空间类型的体育中心，这种复合型配置能够更好地满足不同场合的需求，提高场馆的利用率，从而实现长远的经济效益。

设计团队针对场馆在赛时和赛后的不同使用模式，制定了相应的应用方案。在满足比赛热身需求的同时，场馆也要能够在平时满足全校师生的运动锻炼需求。这意味着场馆的功能布局和设施设置必须具备灵活性和多样性，能够适应不同场景下的使用要求。

为此，设计团队在改造项目中特别注重了场馆的多功能性。通过合理规划场馆内部空间，以确保不同功能区域之间的连接和转换具有便捷性。同时，在项目中还引入了先进的智能化设备和管理系统，以提升场馆的运营效率和管理水平。这些措施不仅为亚运会期间的比赛提供了良好的场地条件，同时也为赛后场馆的可持续运营打下了坚实基础。

设计团队在项目中充分考虑了场馆的赛时和赛后使用需求，通过提升场馆的多功能性和智能化水平，为杭州电子科技大学体育馆及副馆的长期发展和全时段运营提供了可行的解决方案。这不仅符合现代体育建筑的发展趋势，也为其他类似项目提供了有益的借鉴。

图 7.11 热身馆室内效果

4. 结语

在整个改造与设计过程中，击剑场地的功能空间布局优化改造是一项重要且具有挑战性的任务。设计团队需要在有限的空间内充分利用现有条件，满足各类功能需求，并考虑到成本、安全和环境等多方面因素，以提升用户体验为目标。

遵循合理布局、高效利用和人性化设计的原则，设计团队努力解决了这些难点，实现了优化改造的目标。项目通过合理规划空间、灵活配置设施、引入智能化管理等手段，有效地提升了场馆的功能性和舒适性。

通过这些改造与设计，杭州电子科技大学体育馆及副馆将以一流标准建设一流场馆，展现了建设一流城市的决心和精神。这不仅能够满足亚运会击剑项目的训练要求，还为亚运会的成功举办奠定了坚实的体育设施硬件基础。

此外，杭州电子科技大学体育馆及副馆也将成为亚运会的重要遗产，为师生提供了一个优质的健身场所。赛后，它也继续为师生提供更优质的健身服务，促进体育事业的发展，为城市的可持续发展作出更多贡献。

· 杭州师范大学体育场

橄榄球竞技始于 1823 年，是一项观赏性极强的体育运动项目。伴随体育赛事趋于国际化发展，中国的体育竞技也逐渐融入国际化竞赛的因素，但专项的体育场馆在赛后可持续性发展利用问题也日益凸显，以杭州师范大学仓前校区体育改造设计为例，深入探索在大型赛事结束后专项场馆的普适化利用，寻求高校场馆与亚运场馆之间的耦合关系。

自 1990 年北京亚运会开启了中国体育建设的新篇章以来，相继举办的 2008 年北京奥运会、2010 年广州亚运会、2011 年深圳世界大学生运动会以及 2022 年北京冬奥会等一系列盛大赛事，不仅彰显了中国体育实力，也催生了一大批现代化体育场馆。然而，随着这些赛事的落幕，原本熙熙攘攘的赛场逐渐陷入沉寂，如何赋予这些场馆新的生命和价值成为摆在我们面前亟待解决的难题。

在这一背景下，场馆改造逐渐成为解决问题的主要途径。但是，高校场馆的改造与普通公共体育场馆不同，它面临着更多复杂的考量和挑战。除了要满足日常的体育活动需求外，还需要兼顾学校的教学、科研和文化活动等多方面的需要。因此，高校场馆改造不仅需要有创新的理念，更需要有全方位的规划和设计。

1. 项目概况

杭州师范大学仓前校区体育场是校园内的重要场所，其宽敞的场地占地 56000 ㎡，建筑面积达到 31300 ㎡，可容纳 12000 名观众。这座体育场于 2013 年竣工，曾承办过

图 7.12 杭州师范大学体育场鸟瞰

2017 年第十三届全国学生运动会的田径赛事，还是 2019 年第十五届浙江省大学生运动会的主要场馆，在当时举办了盛大的开幕式和激烈的田径比赛。如今承办第 19 届亚运会的橄榄球项目，包括决赛在内的全部比赛。

与公共体育场改造不同，高校体育场改造面临着更为细致的考量。除了考虑到体育比赛的举办需求外，还需兼顾校园内师生日常生活和学习的需求。在改造设计中，必须精心平衡校园环境的整体协调性，使体育场既能满足高水平比赛的要求，又能融入校园生活，为师生提供舒适的运动和休闲场所。这种"校园性"的考虑将体育场改造提升到了一个更高的层次，使其不仅是一座现代化的体育设施，更是校园文化和精神的象征。

2. 改造与重组

（1）模块化分级改造

高校体育场是学校体育设施的核心组成部分，扮演着培养学生体魄、举办体育赛事等重要角色。然而，由于体育场多功能性的特点，其在承办大型赛事时常常面临着空间利用不足、功能匮乏等问题。作为杭州师范大学仓前校区的主要体育场馆，原体育场虽然曾承办过多次大型体育赛事，但面对亚运会的举办，仍需进行改造与重组以满足更高标准的要求。

a. 功能空间需求排序

在改造过程中，需要对不同功能空间的需求进行排序和优化。将赛事场地区、竞赛区、观众活动区等作为优先考虑的基础功能区域，保证其完整性和有效性。而次要功能区域如新闻运行区、仪式文化活动区则可根据需求进行适当调整。

b. 合理利用现有空间

利用原体育场的架空层、地下室等区域，搭建临时性赛事用房。通过模块化设计，灵活布局临时建筑，以适应不同赛事的需求和规模。同时，可在体育场周边的广场和绿化区域设置临时建筑，如媒体转播中心、志愿者服务区等，以充分利用场地资源。

c. 标准化模块设计

为核心赛事用房，如运动员休息室、裁判员工作区等设计标准化模块，以最大限度地利用有限的空间，提高功能效率和利用率。这些模块化设计不仅便于布局和管理，还能够在赛后进行灵活调整和改造。

d. 最大限度地利用空间

将核心赛事用房布置在室内空间中，利用架空层和地下空间拓展功能区域，如媒体转播中心、安保指挥中心等。与此同时，可将室外空间用于观众活动区、临时展示区等，以满足不同需求和活动的举办。

通过以上模块化分级改造策略，可以最大限度地优化体育场馆的空间利用和功能配置，提升其在承办大型赛事时的适用性和灵活性。

（2）流线组织调整

杭州师范大学仓前校区体育场作为一座单边看台高校体育场，其现有的流线组织方式更侧重于日常使用效率，然而在举办大型赛事时，流线组织的不合理性会导致混乱和拥堵的问题。为了解决这一问题，设计团队着重对赛时流线进行了重新组织和优化。

针对赛时的车辆和人流，项目重新规划了主要流线和出入口位置。赛事相关车辆从西侧城市道路引导至北侧校园干道，进入指定停车区，以避免与观众流线交错。同时，赛事相关人员的入口也进行了南北划分，以便他们快速进入各自的指定区域，如媒体记者区、贵宾区等。此举有效减少了流线交叉和拥堵现象。

针对内部区域划分，项目采取了集中且独立的方式，以确保各个赛事流线的相对独立性。运动员、技术官员、贵宾、媒体等各个区域被划分为集中的区域，并且利用原有的分设两端的运动员通道，分隔各个主要流线的出入口，避免交叉干扰。

在校园内部的道路和空地上，项目利用校园管理的优势，设置了亚运文化设施和宣传海报，营造了浓厚的亚运氛

围。同时，为了确保观众的顺畅进出和安全疏散，部分流线在临时室外区域设置了隔断措施，以保证各自流线的独立性和通行顺畅性。

在进行流线重组时，设计团队充分考虑了在不破坏原有硬件设施和日常使用的前提下，使得赛后学校的日常运营不受影响，依然能够维持集中式的疏散流线模式，确保了场馆的灵活性和多功能性。

此次流线组织的调整不仅考虑了赛时的需求，还兼顾了赛后场馆的日常使用。在重新规划流线时，设计团队注重了场地的多功能性和灵活性，使得赛后场馆仍然能够高效地

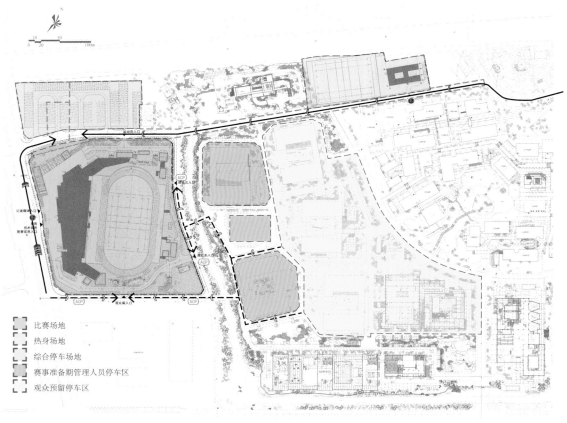

图 7.13 杭州师范大学体育场区位总图功能分区及流线

满足学校日常体育教学和活动需求。例如，重新设置的运动员通道和观众入口并未影响到场馆内部原有的设施和功能，保证了场馆赛后的正常运营。同时，在校园内部设置了临时的亚运文化设施，不仅增强了校园氛围，也为赛事期间的观众提供了丰富的文化体验。

此外，流线组织的调整还考虑了安全因素。通过合理的流线规划和临时隔断措施，有效地控制了人流和车流的交叉，降低了安全隐患，保障了参与赛事的运动员、观众和工作人员的安全。设计团队还根据实际情况设置了紧急疏散通道和应急设施，确保在紧急情况下能够及时有效地疏散人员，

最大限度地降低安全风险。

总的来说，流线组织的调整不仅在赛时提升了场馆的运营效率和观赛体验，还在赛后保留了场馆原有的功能和特色，为学校的体育教学和各类活动提供了更好的场地条件。

3. 系统提升策略

这次系统提升策略不仅考虑了赛时的需求，更注重了赛后场馆的长期利用和师生日常的使用体验。设计团队像是一支巧手，在保留原有设备的同时，精心评估并优化了每个

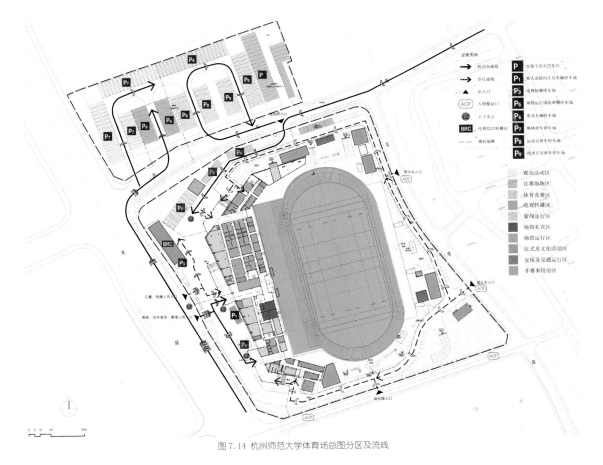

图 7.14 杭州师范大学体育场总图分区及流线

图 7.15 杭州师范大学体育场黄昏鸟瞰

细节，以确保设备的性能达到亚运会的高标准。他们像是园丁一样，仔细照料着竞赛场地的每一寸土地，解决了积水问题，并重新种植和精心呵护了草坪，让校园焕发出勃勃生机。

在灯光和 LED 显示屏等系统的设计中，设计团队展现出了他们的创意和技巧。他们像是艺术家，用光影和色彩装点着整个体育场，让它在夜晚熠熠生辉，在日间展现出绚丽多彩的风采。这些系统的升级不仅提升了场馆的现代感和视觉效果，也为体育赛事和校园文化活动提供了更加丰富的舞台和平台。

通过这些系统提升和改造，杭州师范大学仓前校区体育场焕然一新，不仅满足了亚运会赛事的严苛要求，也为未来的体育赛事和校园活动提供了更好的支持和保障。这是一次既注重技术创新又关注实际需求的改造，为体育场的持续发展和校园文化的繁荣作出了重要贡献。

4. 结语

在当前体育建筑设计领域，随着城市化进程的加速，体育场馆的设计日益呈现出同质化和华丽化的趋势，常常成为城市中的标志性建筑。然而，这种趋势也带来了一些问题，例如建筑的封闭性和对城市空间的独占性，使得体育场馆与周围环境缺乏融合性，缺失了一定的人文情怀。因此，当前体育建筑设计面临的重要任务之一就是如何在满足功能需求的同时，找到更多元化、更优化的设计路径。

第 19 届亚运会橄榄球场的改造设计采用了高校体育场馆改扩建的模式，这一模式的创新在于在确保满足亚运会严格的使用功能和流线布置的前提下，充分尊重了原有的校园环境和高校日常使用的习惯。设计团队秉承了绿色建筑设计

图 7.16 杭州师范大学体育场立面

图 7.17 杭州师范大学体育场夜景鸟瞰

的理念，强调了节俭办赛的亚运理念，通过有限的投资，最大限度地提升了亚运场馆的品质，同时也提升了师生在赛后的使用体验。

这种改造设计模式不仅是对传统体育场馆设计模式的一种创新尝试，更是对体育场馆建设和设计的一种深刻反思。它在满足功能的同时，更加注重了人文关怀和环境保护，使体育场馆成为城市和校园的一部分，而不仅仅是一个独立的建筑物。这种理念的贯彻体现了对可持续发展的重视，也为未来体育场馆的设计和建设指明了一条新的方向。

第　八　章
赋能升级　持续发展

图 8.1 绍兴市奥体中心体育会展馆实景鸟瞰 1

·绍兴市奥体中心体育会展馆

一次改造意味着建筑的一次新生，改造设计的边界在哪里？是仅满足业主提出的当前赛事的适配性需求，还是让建筑拥有更强的生命力，去满足更多场景的可能，回归城市，拥抱社区，回到人民的身边，以及如何实现"民本视域下体育建筑设计创新的在地共生"，是整个改造设计周期中我们一直在思考的。

1. 概述

随着我国综合国力、基础设施水平和民族自信的不断提升，大型体育赛事场馆建设趋势在不断变化，新建场馆比例逐渐降低，利用现有场馆进行改造建设占比渐渐增加。北

京亚运会共建设 33 个竞赛场馆，其中新建场馆 19 个，改造续建临建等场馆 14 个 [1]；广州亚运会共建设 53 个竞赛场馆，其中新建场馆 12 个，改造续建临建等场馆 41 个 [2]；本届杭州亚运会共建设 56 个竞赛场馆，其中新建场馆 12 个，改造续建临建等场馆 44 个 [3]，利用现有场馆进行改造建设的重要性不断凸显。

绍兴市奥林匹克体育中心（下称奥体中心），位于绍兴市镜湖新区，解放北路以西，洋江西路以北，梅南路以南。绍兴市奥体中心体育会展馆（下称体育会展馆）位于奥体中心北区，并通过二层平台延伸出的跨河高架桥与南区相连，

---

1 董杰. 亚运会面临的主要问题、原因与对策 [J]. 体育与科学 ,2011(1):37-42.

2 招剑伟.2010 年广州亚运会新建场馆设计研究 —— 以网球馆中心为例 [D]. 广州：华南理工大学，2013.

3 浙江省体育局官网 https://tyj.zj.gov.cn/.

图 8.2 绍兴市奥体中心体育会展馆实景鸟瞰 2

图 8.3 从镜湖看向体育会展馆 1

桥梁落地后近南侧洋江西路。体育会展馆北侧入口附近设有轨道交通 1 号线的奥体中心站，东侧有梅山公交枢纽站和停车场，周边有较多的公交停靠站，公共交通十分便捷。

体育会展馆于 2014 年竣工，占地面积 28530 ㎡，总建筑面积 72010 ㎡，其中地上面积 54029 ㎡，地下面积 17981 ㎡。体育馆属于大型体育馆，是浙江省第一座万人体育馆，赛前座位数为 9880 座，赛时 9117 座；会展馆设有标准展位 670 个[1]。

体育会展馆在第十五届浙江省运动会举办时兴建，很好地完成了省运会主场馆的任务。在省运会后成为承办绍兴市各类体育文化活动的场所，诸如中国国际黄酒产业博览会、绍兴国际马拉松、女排世俱杯等，并在本届亚运会赛事中作为篮球赛事的竞赛场馆使用。

2. 改造需求和原则

业主初始要求相对简单，设计只需依据亚组委提供的《2022 年第 19 届亚运会绍兴市奥体中心体育馆功能评估报告》和业主提供的《绍兴市体育局关于要求落实亚运会场馆改造实施主体和改造经费的请示》两份文件，完成各条目对应的改造更新即可。第一份文件偏重赛事运行和体育工艺不满足本届亚运赛事之处，第二份文件更多是设施设备更新的具体描述。

随着对项目的深入了解，我们认为在满足基本功能需求之上，似乎可以做得更多一些。经过反复调研和沟通我们发现，除了存在亚运赛事本身的运行、工艺等问题外，伴随着

设施设备的老化，以及城市其他文化赛事活动级别的提升，活动本体与周边功能互相干扰，不同活动面对不同配置要求等情况，原有场馆已逐渐无法完全适配各类文化赛事活动。针对这些情况，我们归纳完善出本项目的内在需求逻辑：一、完善基本设施设备的需求；二、亚运赛事的需求；三、文化赛事活动无缝切换，避免小赛小改，大赛大改，一赛一改，一事一改的需求；四、可以根据文化赛事活动规模等级进行分区隔离，做到文化赛事活动正常进行的同时相邻功能区块正常运营的需求；五、智慧化升级助力文化赛事活动，提升全民健身水平的需求。以上需求可以归纳为显性需求与隐性需求两部分，显性需求为基本功能和本届亚运赛事的配置需求；隐性需求为赛后城市生活和经济运营场景下的能级提升。通过对项目内在需求的梳理，坚持体育建筑"为人民而设计"的目标，强调设计全过程的人民主体性。

显性需求与隐性需求的比较分析[2]　表 8.1

	特征描述	提供需求信息的来源	需求举例
显性需求	明确的可预见的明示的静态的	建设决策者建设主管单位可明确的管理者可明确的使用者	举办赛事的要求符合规范的要求建设时决策者提出的要求
隐性需求	潜在的可能的暗示的动态的	可能接管的管理者未来潜在的使用者	潜在使用者的行为习惯发展中的运营商管理模式

据此我们提出本次设计的核心原则："一次改造，多项提升；赋能升级，持续发展"。

改造提升首先满足本届亚运赛事基本功能的要求，设计定位于体现本届亚运会"绿色、智能、节俭、文明"的办赛理念。以《2022 年第 19 届亚运会场馆建设要求——篮球》等亚组委相关文件作为基本改造标准，并在此基础上着眼于

1　张锴，葛亚博，陈杰 . 综合体育馆改造设计探索——以绍兴市奥体中心体育馆为例 [J]. 浙江建筑，2023(4)：60-63.

2　汪奋强 . 基于可持续性的体育建筑设计策略 [M]. 北京：中国建筑工业出版社，2016.

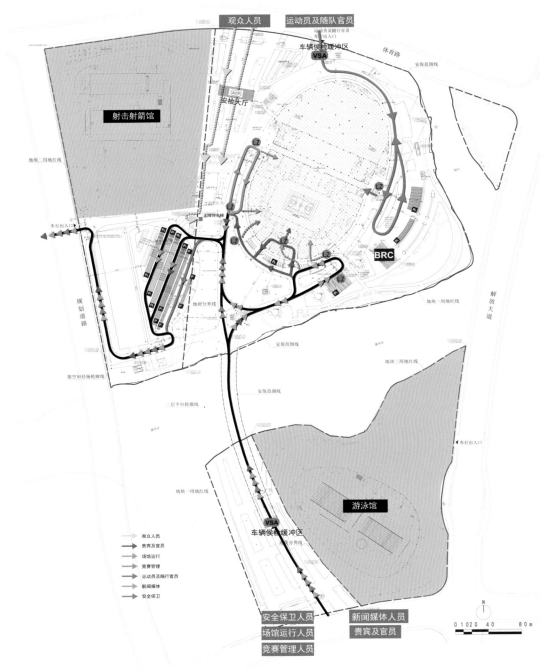

图 8.4 赛时流线分析

未来高等级比赛的需求，充分考虑自赛前至赛后全过程中，整个园区及场馆自身运营情况以及改造投入的可持续性。旨在通过本次改造，使绍兴奥体中心满足亚运相关要求，保证篮球比赛高质量举办，同时将场馆条件提升至可承办国际级别赛事的水平，形成赛事多类型覆盖、文化活动多类型覆盖、多场景运营以及场馆智慧化升级等多维度提升赋能。

3. 改造实施

项目通过四个方面的提升对场馆的内在需求予以回应。

（1）规划层面提升

整个场地的总体布局设置合理，项目在原有基本布局上，结合业主要求其他场馆正常运营的需求，对赛时前后园区范围、安保范围以及主要流线进行整体规划和组织。

园区北侧为主要城市道路和公共交通密集处，有地铁站、公交停靠站及东边不远处的公交枢纽站。北部的场地入口人流量较大，且北侧室外大台阶疏散能力较强，北侧广场非常适合作为观众主要出入口。园区南侧出入口到达体育会展馆需经过跨河高架桥，距离较远，便捷性较差；亚运会比赛期间游泳馆仍对大众开放，承担社会服务功能，若南侧设置人行出入口易造成赛事流线与游泳馆运营流线交叉，影响游泳馆的正常运营。经综合考虑，南侧跨河桥梁不作为观众入口，仅设置一处车行出入口，无需进行交通管制，将对游泳馆的影响降至最低。

根据出入口的设置，项目将园区北侧广场和二层平台作为观众"前院"，将一层其余区域设为辅助功能的"后院"。场地实现赛时人车分流：观众的入场与疏散均引导至北侧二层平台和北侧室外大台阶，保证便捷和安全；为减少会展馆

区域的影响，北侧只设置运动员及随队官员的车行流线，保证其赛前赛后的正常运营；其他人员主要由南侧的车行出入口入场，结合园区后方东西两侧的各停车区域和场馆内部分区组织各自流线。

经过规划层面的分区布局梳理，确保了亚运会赛时射击射箭馆与游泳馆区域的独立性，两个区块在赛时均可正常运营使用。同时，在小型体育文化活动时，又可以保证会展馆的独立运行，做到体育馆、会展馆、游泳馆、射击射箭馆4个主要功能部分根据体育文化活动的级别灵活组合，运营时相互干扰最小。

（2）功能与流线提升

体育会展馆的辅助用房设计较为完备，各类主要赛事功能空间基本可满足要求。设计在原有分区布局的前提下，根据亚组委的相关要求，主要梳理各功能分区和流线。部分功能房间置换，针对面积较大空间均做临时隔断划分并预留相关设备条件，保证使用人员入场后可以根据实际需求自行组织使用，又可以保证赛后空间使用的灵活性。同时，针对业主赛后运营和使用需求量较大的区域（新闻发布厅和检录大厅）重点改造。

而针对媒体工作区，改造将其延伸至比赛大厅内部。比赛场地内的布置，对转播和媒体功能的需求很高，须保证大量的转播设备区域以及媒体人员的工作席位，并且媒体工作人员的流线也相比以往的体育建筑设计有较大的变化。现阶段承办赛事，媒体商更倾向于一个可以便捷地和比赛场地联系，并且相对集中的工作区域，既便于在运动员完赛后即刻进行混采和新闻发布工作，又能更好地捕捉到赛场上的信息。设计将比赛球场端线的一侧划分为新闻媒体工作区，收起此处的活动座席，重新搭台作为转播媒体工作席，保证由

图 8.5 绍兴市奥体中心体育会展馆新闻发布厅实景

图 8.6 绍兴市奥体中心体育会展馆观众大厅实景

新闻媒体门厅可以直接进入此区域。同时，结合运动员的进退场流线，在球员通道处设置一处混采区域，并利用转播媒体席位的工作台设置采访背景墙。比赛大厅内的整个新闻媒体工作区采用临时围栏进行分隔。

除本次亚运赛事的基本功能需求外，结合可预见的体育文化活动，综合布置配套用房，使配套用房能够满足各类主要体育文化活动的需求，并配备一定量的转换用房，适配不同体育文化活动的特殊需求，基本覆盖大多数的运营场景，避免一赛一改、一事一改的情况发生。

（3）核心空间提升

针对比赛大厅，综合考虑到奥体中心高频次承办各类高等级比赛和文艺演出的情况，将改造定位于国际级别赛事标准，并同步覆盖除亚运会外的多种类型、各种层级的比赛需求和文化艺术活动需求。

首先，关注建筑所在"地域、地方、地点" 中的丰富时空要素，完成竞赛场地的能级提升。场馆位于镜湖边，周边水域较多，原始土质也较松软。且比赛大厅和四周功能空间采用不同的结构基础形式，比赛主场地出现了不均匀沉降的现象，现场呈一个"碗"的形状，比赛主场地和四周各个出入口的位置甚至出现"踏步"。作为近万座规模的体育馆，这种程度的沉降，已经严重影响到了场馆的可持续使用和体育赛事的正常运行。为解决沉降问题并尽量减少对场馆自身其他功能的影响，决定采用在比赛场地进行桩基施工，打 300×300 预制钢筋混凝土小方桩基础持力在更深的土层，

图 8.7 绍兴市奥体中心体育会展馆比赛大厅实景 1

解决不均匀沉降问题。同时，面层采用满足 CBA/FIBA 级别比赛的运动木地板。

其次，赛事氛围的能级提升。照明系统的改造考虑比赛满足国际赛事级别电视转播的需求，Evmai 值达到 2000lx。为营造更好的转播效果，以最大范围地照亮比赛场地，而四周的观众席区域则尽量暗下去，以减少观众座席的复杂色彩对直播效果的影响。为满足赛后不同的使用场景，照明系统亦设计了不同的比赛模式（如篮球、手球、排球等）、非赛期举办演唱会等集会模式，以及日常向市民开放的全面健身模式等模式。扩声系统改造满足观众区声学指标达到一级、场地声学指标达到二级。同时，为比赛场地增设一座三层斗型屏幕。斗屏的声光效果大幅度提升现场的观赛体验，营造更精彩的观赛氛围。而增加斗屏的最大难度就是结构安全问题。经过认真全面的分析和论证，配合合理的技术措施，最终在屋顶桁架中部完成近 14t 斗屏设备的吊挂。

（4）智慧化提升

结合业主方日常运营的需求，以打造"智慧场馆"为目的，主要体现在三个方面：基础设施、智慧安防和智慧管理平台。

基础设施的提升主要包括：能承载海量数据传输的万兆网络建设，能处理错综复杂的万物互联数据的中心机房建设，为各类万物互联、智慧感知、无人应用等提供坚实的基础。

智慧安防的提升主要包括：通过部署人脸识别、人流统计、AR 全景监控等设备，实现场馆中人群的行为及特征分析、人流监测预警、重点区域态势感知，通过串联式视频监控布控，以及丰富的边缘端智能硬件，掌控园区全局，洞

图 8.8 绍兴市奥体中心体育会展馆比赛大厅实景 2

图 8.9 绍兴市奥体中心体育会展馆实景鸟瞰 3

图 8.10 绍兴市奥体中心体育会展馆实景鸟瞰 4

图 8.11 从镜湖看向绍兴市奥体中心体育会展馆 2

察场馆细节。

智慧管理平台的提升主要包括：建立智慧管理平台，利用人工智能、数据治理、数据清洗等技术，实现对智慧场馆的数据进行统一处理，从而满足场馆各类智慧应用需求。如无人考勤、智慧巡检、智能温湿度调节、场馆照度自动控制、能耗智慧管理等，整体提升场馆的智慧化程度。

4. 结语

体育从其产生就闪烁着人性的光辉，自古希腊奥林匹克运动会诞生之初，作为倡导和平及增进交流的载体，体育成为人类展现自身精神意志、身体能力，展示人体美学的重要舞台。[1] 在城市化进程放缓，城市更新逐渐增多的当下，城市级别的体育建筑改造不应当仅仅是自身短板的补充，也应承担着提升城市活力、和谐市民生活等的隐性任务。设计遵循"民本、在地、共生"的设计哲学，坚持体育建筑"为人民而设计"的目标，强调设计全过程的人民主体性，关注体育建筑所在"地域、地方、地点"中的丰富时空要素，并不断发现适宜、追求贴切、互动适应，通过设计创新达成体育建筑所关联的各人群和各要素的互惠互利，和合共存的状态，最终达到赋予建筑更强的活力和能量，给予建筑以新生的设计目标。体育建筑所关联的各人群和各要素的互惠互利，和合共存的状态，最终达到赋予建筑更强的活力和能量，给予建筑以新生的设计目标。

1 罗鹏，钱锋，孙一民，赵晨，高庆辉，蒋玉辉，杨东旭，史立刚. 回归人本的体育建筑 [J]. 当代建筑，2022(12): 6-14.

案 例／
CASES

01   杭州亚运棒（垒）球体育文化中心

浙江，绍兴

浙江大学建筑设计研究院有限公司·建筑四院

02   富阳银湖体育中心

浙江，杭州

浙江大学建筑设计研究院有限公司·建筑创作研究中心

03　　浙师大萧山校区体育馆暨亚运手球馆

浙江，杭州

浙江大学建筑设计研究院有限公司·建筑二院

04　　德清地理信息小镇运动中心

浙江，湖州

浙江大学建筑设计研究院有限公司·建筑三院

案 例／
CASES

05 临安市体育文化会展中心

浙江，杭州

浙江大学建筑设计研究院有限公司·建筑五院

06 金华市体育中心

浙江，金华

浙江大学建筑设计研究院有限公司·建筑创作研究中心

07   浙江大学紫金港校区体育馆及副馆

浙江，杭州

浙江大学建筑设计研究院有限公司·建筑二院

08   杭州电子科技大学体育馆及副馆

浙江，杭州

浙江大学建筑设计研究院有限公司·联合建筑一院

案 例／
CASES

09　　　　　杭州师范大学体育场
浙江，杭州
浙江大学建筑设计研究院有限公司·建筑二院

10　　　　绍兴市奥体中心体育会展馆
浙江，绍兴
浙江大学建筑设计研究院有限公司·建筑二院

致谢

一
本书得以顺利出版，首先感谢浙江大学平衡建筑研究中心的资助。

二
感谢本书所引用的具体工程实例的所有设计团队，排名不分先后：
浙江大学建筑设计研究院建筑创作研究中心、
浙江大学建筑设计研究院联合建筑一院、
浙江大学建筑设计研究院建筑二院、
浙江大学建筑设计研究院建筑三院、
浙江大学建筑设计研究院建筑四院、
浙江大学建筑设计研究院建筑五院等。
以上团队的优秀亚运建筑设计作品为本书提供了有效的平衡建筑实践案例支撑，在此一一感谢！

三
感谢浙江大学建筑设计研究院体育建筑事业部团队成员：肖辉、楼仕心、张锴、王劲柳、葛亚博为编写此书付出的辛劳工作，才使得此书得以呈现。

四
感谢浙江大学建筑设计研究院学术总监李宁老师对本书细致权威的指导工作。

五
感谢中国建筑出版传媒有限公司（中国建筑工业出版社）对本书出版的大力支持。

正是 UAD "平衡建筑" 这一理论体系的指导，让我们有幸参与了第 19 届杭州亚运会的体育建筑设计实践。本书作为亚运遗产之一，呈现了我们对亚运体育建筑实践的理解与感悟。